Künstliche Intelligenz und schlanke Produktion

Tin-Chih Toly Chen · Yi-Chi Wang

Künstliche Intelligenz und schlanke Produktion

Tin-Chih Toly Chen (iD)
Department of Industrial Engineering
and Management
National Yang Ming Chiao Tung University
Hsinchu, Taiwan

Yi-Chi Wang (iD)
Department of Industrial Engineering
and Systems Management
Feng Chia University
Taichung, Taiwan

ISBN 978-3-031-44279-7   ISBN 978-3-031-44280-3   (eBook)
https://doi.org/10.1007/978-3-031-44280-3

Die Deutsche Nationalbibliothek verzeichnet diese Publikation in der Deutschen Nationalbibliografie; detaillierte bibliografische Daten sind im Internet über http://dnb.d-nb.de abrufbar.

Dieses Buch ist eine Übersetzung des Originals in Englisch „Artificial Intelligence and Lean Manufacturing" von Chen, Tin-Chih Toly, publiziert durch Springer Nature Switzerland AG im Jahr 2022. Die Übersetzung erfolgte mit Hilfe von künstlicher Intelligenz (maschinelle Übersetzung). Eine anschließende Überarbeitung im Satzbetrieb erfolgte vor allem in inhaltlicher Hinsicht, so dass sich das Buch stilistisch anders lesen wird als eine herkömmliche Übersetzung. Springer Nature arbeitet kontinuierlich an der Weiterentwicklung von Werkzeugen für die Produktion von Büchern und an den damit verbundenen Technologien zur Unterstützung der Autoren.

Übersetzung der englischen Ausgabe: „Artificial Intelligence and Lean Manufacturing" von Tin-Chih Toly Chen und Yi-Chi Wang, © The Author(s), under exclusive license to Springer Nature Switzerland AG 2022. Veröffentlicht durch Springer International Publishing. Alle Rechte vorbehalten.

Planung/Lektorat: Anthony Doyle
Springer Vieweg ist ein Imprint der eingetragenen Gesellschaft Springer Nature Switzerland AG und ist ein Teil von Springer Nature.
Die Anschrift der Gesellschaft ist: Gewerbestrasse 11, 6330 Cham, Switzerland

Das Papier dieses Produkts ist recyclebar.

Inhaltsverzeichnis

Kapitel 1
Grundlagen im Lean Management

1.1 Einführung

Schlanke Fertigung, oder **Lean Sigma,** stammt aus Japan und ist ein bekanntes Werkzeug zur Verbesserung der Wettbewerbsfähigkeit von Herstellern weltweit. Schlanke Fertigung verbessert die Planung, Kontrolle und Verwaltung eines Fertigungssystems durch den Einsatz einfacher und effektiver Werkzeuge wie Kanbans, Taktgeber, Wertstrom-Mapping, 5s, Just-in-Time (JIT), Standardbetriebsverfahren, Lastausgleich, Pull-Fertigung und andere, wie in Abb. 1.1 dargestellt. Gemeinsame Merkmale dieser Werkzeuge sind Transparenz, Verständlichkeit und Kommunikation sowie Benutzerfreundlichkeit. Die Philosophie der geringen Stückzahl und hohen Vielfalt sowie der Pull-Produktion in der schlanken Fertigung ist jedoch möglicherweise nicht für alle Arten von Fabriken geeignet. Dennoch sind einige Konzepte und Techniken des Lean Managements für alle Fabriken von Referenzwert.

Toyota Produktionssystem (TPS) gilt als Vorläufer der schlanken Fertigung. TPS wurde erfolgreich in Fabriken und Lieferketten weltweit angewendet, um Zykluszeiten zu verkürzen, Ausgaben zu regulieren, Entscheidungsprozesse zu erleichtern, Kosten zu senken und die Sicherheit der Arbeiter zu erhöhen [1, 2].

Bisher wurden die Konzepte und Techniken der schlanken Fertigung auf nichtproduzierende Bereiche angewendet, was zur Bildung des sogenannten „Lean Thinking" führte, das darauf abzielt, „mehr mit weniger" zu tun [3].

Laut Sanders et al. [4] gibt es vier Erfolgsfaktoren für die schlanke Fertigung:

- Lieferantenbeziehung;
- Prozess und Kontrolle;
- Menschliche Faktoren;
- Kundenorientierung.

Aus Sicht von Melo et al. [5] sind auch menschliche Faktoren und Ergonomie wichtige Überlegungen bei der Planung einer schlanken Arbeitsumgebung. Tat-

T.-C. T. Chen und Y.-C. Wang, *Künstliche Intelligenz und schlanke Produktion*,
https://doi.org/10.1007/978-3-031-44280-3_1

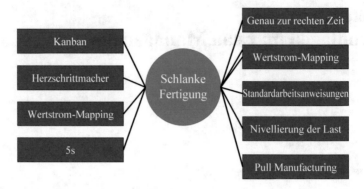

Abb. 1.1 Technologien der schlanken Fertigung

sächlich sind schlanke Fertigungsumgebungen eher dazu in der Lage, die Gesundheit und Sicherheit der Arbeiter zu gewährleisten.

1.2   Grundkonzepte der schlanken Fertigung

1.2.1   3M und Sieben Verschwendungen

Schlanke Produktion zielt darauf ab, drei Arten von Abweichungen zu beseitigen [2, 6], die in Abb. 1.2 dargestellt sind:

- **Muda:** Muda beinhaltet Aktivitäten, die keinen Wert hinzufügen. Die Ergebnisse solcher Aktivitäten sind in der Regel Abfall, d. h. die sogenannten sieben Arten von Verschwendungen – Überproduktion, Warten, Transport, Überverarbeitung, Lagerbestand, unnötige Bewegungen und Produktfehler.
- **Mura:** Mura weist auf die Variabilität, Inkonsistenz, Ungleichmäßigkeit, Nicht-Uniformität oder Unregelmäßigkeit in der Produktion (in Zeit, Menge

Abb. 1.2 3M und sieben
Verschwendungen

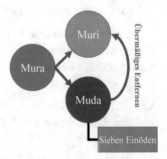

oder Qualität) hin. Das Vorhandensein von Mura führt zu den **sieben Verschwendungen.**

- **Muri:** Muri bezieht sich auf Situationen, in denen Bediener oder Maschinen über ihre Grenzen hinaus arbeiten. Überlastung, Übermaß und Unvernunft sind einige Synonyme für Muri. Muri kann aus Mura oder der übermäßigen Beseitigung von Muda resultieren.

Daher sind Aktivitäten wertsteigernd, wenn sie Verschwendungen vermeiden und genau das produzieren, was benötigt wird, wo und wann es benötigt wird.

Die Beseitigung von 3M beginnt in der Regel mit der Beseitigung von Muda (d. h. sieben Verschwendungen). Manager sollten sofort Überproduktion und unnötiges Warten, Versand, Handhabung, Lagerbestand, Aktionen oder Korrekturen angehen. Tatsächlich verringern sich nach der Beseitigung von Muda, Mura und Muri auch, was die Arbeitsumgebung und auch die Arbeitsleistung verbessert [5].

1.2.2 5S

5S beinhaltet eine Reihe von Verbesserungsmaßnahmen auf der Werkstattfläche, die darauf abzielen, die Werkstattfläche sauberer, ordentlicher, hygienischer und sicherer zu machen. Solche Aktivitäten sind in fünf Kategorien unterteilt: Seiri, Seiton, Seiso, Seiketsu und Shitsuke [7], wie in Tab. 1.1 definiert. Für die Japaner sind 5S tatsächlich eine tägliche Praxis der Lebensweisheit, daher sind sie leicht in Managementpraktiken zu integrieren [8]. 5S erreichen Kosteneffizienz durch Maximierung von Effizienz und Effektivität. Im Lean Manufacturing gehören 5S zu den am weitesten verbreiteten und leicht wirksamen Verbesserungsmaßnahmen. In vielen Organisationen wurden jedoch nur die ersten drei S-Aktivitäten durchgeführt, was die möglichen Vorteile einschränkte [9].

Der rasche Fortschritt der Computer- und Informationstechnologien hat die Durchführung von 5S-Aktivitäten diversifiziert. Nach den Erkenntnissen von Gapp et al. [10] ist eine Organisationswebsite ein geeigneter Kanal zur Verbreitung von Informationen über 5S-Praktiken. Ob **künstliche Intelligenz (KI),** als die fortschrittlichste Computer- und Rechentechnologie, auf 5S-Aktivitäten angewendet

Tab. 1.1 Definitionen von 5S

Kaizen-Aktivität	Definition
Seiri	Unnützes Zeug wegwerfen
Seiton	Materialien, Werkstücke, Werkzeuge, Fertigwaren usw. ausrichten, sortieren
Seiso	Die Werkstattfläche reinigen
Seiketsu	Die Sauberkeit der Werkstattfläche aufrechterhalten
Shitsuke	Menschen dazu erziehen, sich an die kontinuierliche Durchführung von 5S-Aktivitäten zu gewöhnen

werden kann, ist ein Thema von Interesse [11]. Dies ist auch eine Richtung, die dieses Buch zu erforschen beabsichtigt.

1.2.3 Toyota Produktionssystem (TPS)

Toyota Produktionssystem (TPS) ist die Neugestaltung eines Massen-produktionssystems [12]. Es handelt sich um eine Produktionsmethode, die von Toyota durch vollständige Eliminierung von Verschwendung entwickelt wurde, um eine gute Produktqualität, niedrige Kosten und kurze Vorlaufzeit (d. h., die Zeit zwischen einer Kundenbestellung und der Lieferung der Bestellung) zu erreichen [12]. Es ist ein Konzept und eine gesetzeskonforme Struktur zur Verbesserung der Wettbewerbsfähigkeit eines Unternehmens. Das aktuelle Toyota Produktions-system ist noch nicht in seiner endgültigen Form.

Die zwei Säulen des TPS sind **Jidoka** (d. h., die Gestaltung von Geräten, die automatisch stoppen, wenn eine Anomalie auftritt und das Personal über die Anomalie informieren) und **JIT,** die beide auf einer stabilen Grundlage beruhen. Methoden zum Aufbau dieser stabilen Grundlage umfassen Produktions-nivellierung, Standardisierung der Arbeit und (kontinuierliche) Verbesserung [6]. Wesentliche Maßnahmen im TPS umfassen die Umwandlung von linearen Produktionslinien in U-förmige Produktionszellen und die Neugestaltung von Werkstätten in Fertigungszellen. Darüber hinaus läuft die Produktion an jeder Arbeitsstation nach der **Taktzeit,** indem die Bearbeitungszeit gleich oder etwas kürzer als die Taktzeit gemacht wird und ein „eins machen, eins prüfen, eins bewegen" (MO-CO-MOO) Verfahren befolgt wird. Zu diesem Zweck haben Einzelzyklusmaschinen eingebaute Geräte zur Inspektion fertiger Werkstücke (Poka-Yokes) [13].

Obwohl viele Menschen oft TPS mit Lean Management gleichsetzen, neigt ersteres eher zu Anwendungen in der Fertigung, während letzteres auf Anwendungen in verschiedenen Branchen (wie Dienstleistungsbranchen, medizinischen Branchen und Bildungsbranchen) ausgedehnt wurde.

1.2.4 Just in Time (JIT)

JIT bedeutet, die notwendige Menge an Materialien (oder Fertigwaren) dort und dann bereitzustellen, wenn sie benötigt werden [14]. Zu diesem Zweck verwendet JIT die Pull-Produktion zur Steuerung eines Fertigungssystems. Eine Arbeits-station liefert oder produziert ein Werkstück nur dann, wenn die nächste Arbeits-station es benötigt.

JIT ist eine Managementphilosophie, die Veränderungen und Verbesserungen durch Reduzierung von Lagerbeständen fördert. Allerdings ist JIT nur möglich, wenn Fertigungssysteme eine gute Produktqualität, hohe Prozesszuverlässigkeit (oder Stabilität), geringe Rüstzeiten und geringe Nachfrageschwankungen aufweisen [15]. Insbesondere muss die Nachfrage genau vorhersehbar sein. Umgekehrt muss ein Fertigungssystem, um JIT zu realisieren, Probleme wie schlechte Produktqualität, einfache Maschinenausfälle und instabile Nachfrage lösen, um seine Wettbewerbsfähigkeit zu erhöhen [16]. Weitere Vorteile von JIT sind kürzere Vorlaufzeiten, verbesserte Fähigkeit, Fälligkeitstermine einzuhalten, erhöhte Flexibilität, einfachere Automatisierung und bessere Nutzung von Arbeitern und Geräten.

In Pull-Methoden wie JIT ist der Informationsfluss an den Materialfluss gebunden. Mit anderen Worten, wertvolle Informationen, wie zukünftige Nachfrageschwankungen, werden nicht unbedingt sofort mit allen geteilt [14]. Im Gegensatz dazu ist für AI-Technologien das Echtzeit-Teilen von Informationen die Grundlage für nachfolgende Analysen. Aus Managementperspektive wird es zur Herausforderung, AI-Technologieanwendungen in ein Pull- (oder JIT-) Fertigungssystem zu integrieren.

1.2.5   Gesamtproduktive Instandhaltung (TPM)

Einer der Schlüssel zum Erfolg der schlanken Fertigung liegt in der Stabilität des Fertigungssystems, insbesondere der Zuverlässigkeit der Ausrüstung [17]. In dieser Hinsicht hat die schlanke Fertigung auch ihr eigenes Wissensset entwickelt, die sogenannte **gesamtproduktive Instandhaltung (TPM)** [18]. TPM ist eine Philosophie, die die Bediener in die Wartung ihrer eigenen Ausrüstung einbezieht. TPM betont, dass proaktive und präventive Wartung die Grundlage für die fortgesetzte Zuverlässigkeit der Maschine und die Produktqualität bildet [19].

TPM zielt darauf ab, die Produktivität, die Qualitätskosten, die Kosten der Produkte, die Lieferung und Bewegung der Produkte, die Sicherheit der Operationen und die Moral der Beteiligten (PQCDSM) zu verbessern [20], für die folgende Überlegungen entscheidend sind:

- Verbesserungsmaßnahmen sollten sich auf Teile konzentrieren, die einen Mehrwert schaffen: Einige Bewegungen einer Maschine schaffen keinen Mehrwert und gelten als Abfall, der beseitigt werden sollte.
- Produktion in der notwendigen Kapazität: Das Ziel ist es, keine Fehler zu erzeugen und gemäß der vorbestimmten Taktzeit zu produzieren [21]. Keine Maschine kann viel kürzer (schneller) als die Taktzeit verarbeiten
- Eine Maschine muss leicht zu warten sein.
- Die Verfügbarkeit einer Maschine sollte leicht erhöht werden können.
- Eine Maschine muss korrekt handeln, wenn sie sollte.
- Die Form einer Maschine kann schnell geändert werden.
- Eine Maschine kann leicht umgesetzt werden.
- Maschinen sind umso besser, je kleiner, billiger oder arbeitssparender sie sind.

TPM ist vielleicht eine der schlanken Fertigungstechnologien, die am meisten von den Fortschritten der Informations- und Netzwerktechnologien profitieren. Zum Beispiel kann ein Bediener, der seine Ausrüstung selbst warten oder sogar reparieren möchte, Anweisungen vom Ausrüstungslieferanten über Internetnachrichten oder Telex erhalten. Daher wird auch erwartet, dass KI-Technologien in TPM einen größeren Anwendungsbereich haben.

Zum Beispiel betrachteten Mohan et al. [21] die Zeit bis zum nächsten Ausfall einer Hochdruck-Hydrauliksandformmaschine als Zeitreihe und wandten ein adaptives autoregressives integriertes gleitendes Durchschnittsmodell (ARIMA) an [22] um es vorherzusagen. Nach erfolgreicher Vorhersage der Zeit bis zum nächsten Ausfall, wenn die Zeit zu nahe ist, kann die regelmäßige Wartung der Maschine vorgezogen werden. In einigen früheren Studien wurden TPM-Probleme als semi-Markov-Entscheidungsprozesse (SMDPs) formuliert, die mit dynamischer Programmierung (DP) gelöst wurden, wenn die Problemgrößen klein waren. Encapera et al. [23] integrierten **Verstärkungslern** techniken in die dynamische Programmierung, wodurch sie in der Lage waren, groß angelegte TPM-Probleme zu lösen.

1.2.6   Kanbans

Ein **Kanban** ist ein Werkzeug, das von der nächsten Arbeitsstation verwendet wird, um WIP von der vorherigen Arbeitsstation zu erhalten. Ein Kanban ist eine Art Signal für eine „bitte produzieren" oder „bitte abholen" Anweisung in der Pull-Produktion, als Erlaubnis zu produzieren oder abzuholen [14]. Diese Aktionen werden gemäß den Anforderungen der nächsten Arbeitsstation durchgeführt. Daher sind Kanbans der Shopfloor-Kontrollmechanismus eines Pull- (oder JIT-) Fertigungssystems. Kanbans werden nicht nur verwendet, um Werkstücke zu ziehen, sondern auch um das WIP in der Fabrik zu visualisieren und zu kontrollieren.

Kanbans werden in zwei Kategorien eingeteilt, basierend auf ihren Funktionalitäten. „Produktionskanbans" verlangen von der vorherigen Arbeitsstation, Werkstücke herzustellen, und „Transportkanbans" verlangen von den Umzugshelfern, Werkstücke zu transportieren. „Transportkanbans" können weiter unterteilt werden in solche, die in der Fabrik verwendet werden, und solche, die bei der Lieferung an Kunden verwendet werden. Jede Funktion kann eine andere Form von Kanbans haben.

Da Kanbans nur ein Werkzeug sind, ist es unrealistisch, nach der Einführung von Kanbans einen plötzlichen Rückgang des Bestands oder der Kosten zu erwarten.

1.2.7 Spaghetti-Diagramm

Ein Spaghetti-Diagramm ist ein visuelles Werkzeug, das einen kontinuierlichen Fluss verwendet, um den Weg eines Gegenstandes (oder einer Aktivität) durch ein System (oder einen Prozess) nachzuverfolgen [24]. Ein Spaghetti-Diagramm ist ein Werkzeug zur Prozessanalyse. Es ermöglicht Analysten, Redundanzen in Arbeitsabläufen zu identifizieren und Möglichkeiten zur Beschleunigung von Prozessabläufen zu erkennen. Videobasierte Zeitanalysewerkzeuge werden oft verwendet, um das Spaghetti-Diagramm eines Fertigungssystems zu zeichnen. Ein Spaghetti-Diagramm ist eine Anwendung des Anlagenlayouts eines Fertigungssystems, indem die Flüsse von Menschen (oder Robotern) mit Kurven darauf gezeichnet werden. Nachdem das Spaghetti-Diagramm gezeichnet wurde, können die Häufigkeit und die Gesamtlänge der Bewegungen geschätzt und dann reduziert werden. Ein weiteres ebenso wichtiges Ziel ist es, die Wahrscheinlichkeit zu verringern, dass Bewegungen miteinander in Konflikt geraten. Nachdem wirksame Maßnahmen ergriffen wurden, um diese Ziele zu erreichen, wurde ein neues Spaghetti-Diagramm gezeichnet.

Einige vorhandene mathematische oder statistische Software kann verwendet werden, um ein Spaghetti-Diagramm zu zeichnen. Zum Beispiel haben Daneshjo et al. [25] das Anlagenlayout des Fertigungssystems als Abbildung in eine Excel-Arbeitsmappe eingebettet und dann Excel-eigene Funktionen verwendet, um die für nachfolgende Analysen erforderlichen Berechnungen zu erleichtern.

Die Analyseergebnisse eines Spaghetti-Diagramms sind auch wertvoll für die Implementierung von 5S-Aktivitäten. Zum Beispiel ist eine sehr intuitive Überlegung, dass es keine Ansammlung von Materialien (oder Müll) oder fettigen Boden geben sollte, wo Bewegungen stark überlappen.

1.2.8 Trommel Puffer Seil (DBR)

Ähnlich wie Kanban zielt DBR ebenfalls darauf ab, das WIP in Fertigungssystemen zu kontrollieren. Die Trommel ist der Engpass eines Fertigungssystems und begrenzt die Ausgaberate des Fertigungssystems. Ein Puffer ist der aufgebaute Bestand, um die Trommel vor dem Verhungern zu bewahren. Wenn der Bestand im Puffer zur Neige geht, zieht das Seil die Produktion an den vorgelagerten Arbeitsstationen an, um mehr Bestand aufzubauen. DBR ist eine Produktionsplanungs- oder Steuerungsmethode, die auf der Theorie der Beschränkungen (TOC) basiert [26]. Die Philosophie der TOC ist, dass komplexe Systeme eine Vereinfachung implizieren. Egal wie komplex ein System zu einem bestimmten Zeitpunkt ist, es gibt sehr wenige Variablen im System oder nur eine, die als Beschränkung bezeichnet wird, die das System daran hindern wird, höhere Ziele zu erreichen.

Tab. 1.2 Auftragskategorien und Planungsheuristiken im DBD-Ansatz

Auftragskategorie	Bedingungen	Planungsheuristik
Erste Priorität	• Dringende Aufträge	Kritische Quote (CR) + First in First out (FIFO)
Zweite Priorität	• Nicht dringende Aufträge • Die nächste Arbeitsstation ist ein schwacher Engpass	Kürzeste Bearbeitungszeit bis zum nächsten Engpass (SPNB) + CR + FIFO
Dritte Priorität	• Nicht dringende Aufträge • Die nächste Arbeitsstation ist ein starker Engpass	Kürzeste Bearbeitungszeit (SPT) + CR + FIFO
Vierte Priorität	• Keine der oben genannten	CR + FIFO

Für ein größeres oder komplexeres Fertigungssystem ist eine vollständige Pull-Produktion äußerst schwierig. In diesem Fall bietet DBR eine einfache und effektive Möglichkeit, die Pull-Produktion durchzuführen. Tatsächlich kann die Idee, die Verschwendung der Engpassmaschinenkapazität in DBR zu vermeiden, auch auf Nicht-Pull-Produktionssysteme angewendet werden. Eine Schwierigkeit, auf die DBR stößt, ist, dass die Engpassmaschinen in vielen Produktionssystemen wechseln können, was es für den DBR-Mechanismus schwierig macht, eine langfristige, stabile Produktionskontrolle durchzuführen. Um dieses Problem zu lösen, wurden verschiedene Methoden in der Literatur vorgeschlagen. Zum Beispiel schlugen Zhang et al. [27] den dynamischen Engpasserkennungsansatz (DBD) vor, bei dem verschiedene Heuristiken angewendet wurden, um Aufträge zu planen, die zu Engpass- und Nicht-Engpass-Arbeitsstationen gehen, wie in Tab. 1.2 zusammengefasst. Chen [28] erwähnte die Nachteile des DBD-Ansatzes:

- Viele Fabriken haben mehr als zwei Auftragsprioritäten, wie zum Beispiel „normal", „dringend", „super dringend" usw. Daher müssen die Aufträge möglicherweise in mehr Kategorien eingeteilt werden.
- Die Formel, die verwendet wird, um das Ausmaß zu bewerten, in dem eine Maschine ein Engpass ist, enthält viele Parameter. Wie die Werte dieser Parameter bestimmt (oder optimiert) werden, ist ein Problem.
- Aufträge mit ähnlichen Arbeitsbedingungen können verschiedenen Kategorien zugewiesen werden.

1.2.9 Wertstromkarte (VSM)

Wertstromkarte (VSM) ist eine Technik des schlanken Managements (oder des schlanken Unternehmensmanagements), die dazu dient, den Informations- oder Materialfluss, der zur Herstellung eines Produkts oder zur Bereitstellung einer Dienstleistung für einen Kunden benötigt wird, zu dokumentieren, zu analysieren und zu verbessern [29]. Sie wird verwendet, um die verschiedenen Aktionen beim Entwerfen, Verkaufen und Herstellen eines Produkts (oder beim Bereitstellen einer

Dienstleistung) zu analysieren und sie in drei Kategorien zu klassifizieren, um weitere Verschwendungen zu eliminieren:

- Aktionen, die einen Wert schaffen können, den Kunden spüren können.
- Verschwendungen, die keinen Mehrwert schaffen, aber derzeit nicht ausgeschlossen werden können.
- Überflüssige Schritte, die für Kunden keinen Wert haben und sofort entfernt werden können.

Eine VSM besteht im Grunde aus sechs Teilen: Kunde, Produktionsplanung und -steuerung, Lieferanten, Wareneingang, Produktionsschritte und Lieferung, wie in Abb. 1.3 dargestellt. Der Schwerpunkt der Verbesserung liegt in der Regel darauf, die Zykluszeit des Herstellungsprozesses zu verkürzen. Übliche Maßnahmen umfassen die Anwendung von Pull-Produktion, die Anpassung der Kapazität des Lagerplatzes und die Verbesserung der Operation an jedem Arbeitsplatz, um die Bearbeitungszeit zu verkürzen, sowie das Aufteilen oder Zusammenführen von Operationen. Eine VSM wird vor und nach der Verbesserung gezeichnet.

Obwohl 5S die am weitesten verbreitete Technologie des schlanken Managements ist, gilt die Wertstromkarte als eine der effektivsten Technologien des schlanken Managements.

1.3 Entwicklung des Lean Manufacturing

Obwohl Lean Manufacturing ein recht altes Konzept ist, ist es immer noch sehr nützlich angesichts einer sich verändernden internationalen Umgebung: verstärkter Marktwettbewerb, hochgradig individualisierte Produkte und verkürzte Produktlebenszyklen [8]. Mit der weit verbreiteten Anwendung von Computer-, Sensor-,

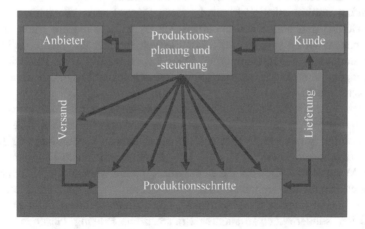

Abb. 1.3 Struktur einer VSM

Kommunikations- und KI-Technologien hat sich jedoch die Art und Weise, wie Wert geschaffen wird, verändert. Zum Beispiel:

- Es ist nun möglich, dass ein Upstream-Hersteller Bestellungen direkt von Endkunden erhält, was eine vollständige Pull-Produktion ermöglicht.
- Das Internet der Maschinen (IoM) ist eine Vision, in der Maschinen direkt miteinander kommunizieren können, was das Ziehen von Werkstücken zwischen ihnen unmittelbarer macht.
- Die Sammelbox von Werkstücken ist mit einem Radiofrequenz-Identifikationstag (RFID) versehen, der zur Verfolgung ihres Flusses und zur Vermeidung einer langfristigen Lagerung am selben Ort verwendet werden kann.
- Die Telekommunikation ermöglicht es den Gerätebedienern, unter Anleitung der Gerätelieferanten selbst Wartungs- und Reparaturarbeiten an den Geräten durchzuführen, um TPM zu realisieren [30].
- Perico und Mattioli [30] definierten Lean 4.0 als die Kombination von Lean Manufacturing und Industrie 4.0 zur Schaffung intelligenter Netzwerke entlang einer Wertschöpfungskette, die separat arbeiten und sich gegenseitig autonom steuern können.

Für Werksleiter, die an die schlanke Produktion gewöhnt sind, ist die undurchschaubare KI attraktiv, aber schwer zu verstehen und zu akzeptieren. Die Anwendung von KI auf die schlanke Produktion ist ein realisierbarer Weg, um die Vorteile dieser beiden Disziplinen zu kombinieren.

1.4 Organisation dieses Buches

Dieses Buch soll technische Details über die Anwendungen von KI in der schlanken Produktion liefern, einschließlich Methoden, Systemarchitekturen, Software und Hardware, Beispiele und verschiedene Anwendungen. Neben der Einführung traditioneller KI-Methoden (wie Fuzzy-Logik, künstliche neuronale Netze (KNN) und maschinelles Lernen, RFID) wird in diesem Buch auch auf einige neuere KI-Entwicklungen (einschließlich Internet der Dinge (IoT), IoM, Edge-Computing, Cloud-Computing, Deep Learning, Big Data Analytics usw.) eingegangen, und die Anwendungen dieser KI-Technologien im Bereich der schlanken Produktion.

Im Speziellen ist die Gliederung des vorliegenden Buches wie folgt strukturiert.

Im aktuellen Kapitel wird zunächst die schlanke Produktion definiert. Dann werden einige grundlegende Konzepte in der schlanken Produktion, wie 3M und sieben Verschwendungen, TPM, JIT, TPS, Kanbans, Spaghetti-Diagramm, DBR und VSM vorgestellt. Obwohl die in diesem Kapitel erwähnten Begriffe nicht alle schlanken Produktionstechniken abdecken, gehören sie zu den repräsentativsten. Darüber hinaus können diese schlanken Produktionstechniken nicht nur in der Produktion, sondern auch in anderen Branchen wie Bildung, Gesundheitswesen,

Dienstleistungen und Medizin angewendet werden. Das Kapitel schließt mit einem Verweis auf einige Trends in der Theorie und Praxis der schlanken Produktion.

Kap. 2, Künstliche Intelligenz in der Produktion, bietet eine Einführung in einige Methoden der künstlichen Intelligenz (KI) und ihre Anwendungen in der Produktion. Dieses Kapitel beginnt mit der Definition von KI. Dann werden bestehende KI-Methoden in mehrere Kategorien unterteilt. Einige repräsentative Anwendungen von KI-Methoden in jeder Kategorie werden überprüft. Anschließend wird das Potenzial von KI-Technologieanwendungen in der schlanken Produktion anhand einiger Beispiele aus der Literatur und verwandten Berichten veranschaulicht. Es werden auch einige bisherige Schlussfolgerungen und Probleme, mit denen Praktiker der schlanken Produktion konfrontiert sind, berichtet. Darüber hinaus wird ein Verfahren zur Anwendung von KI-Technologien auf schlanke Produktionssysteme bereitgestellt.

Kap. 3, KI-Anwendungen im Kaizen-Management, beschreibt, wie KI-Technologien zur Unterstützung einer Reihe von Kaizen (d. h. Verbesserungs-) Aktivitäten angewendet werden können, wie z. B. 5S-Aktivitäten zur Verbesserung der Arbeitsumgebung, prädiktive Wartungsaktivitäten zur Verbesserung der Zuverlässigkeit (oder Verfügbarkeit) von Geräten, Aktivitäten zur Reduzierung der Zykluszeit und die Bewertung des Ergebnisses aller Kaizen-Aktivitäten (d. h. Schlankheit) in einem Produktionssystem.

Kap. 4, KI-Anwendungen in der Pull-Produktion, JIT und Produktionsnivellierung, behandelt drei wichtige Themen in der schlanken Produktion, nämlich wie man die Pull-Produktion in einem Produktionssystem implementiert, wie man JIT realisiert und wie man die Produktionskapazität eines Produktionssystems ausbalanciert, insbesondere wenn die Produktionsbedingungen Unsicherheiten unterliegen oder das Produktionssystem kompliziert ist. Mehrere KI-Technologien zur Behandlung der drei Probleme werden vorgestellt, einschließlich Fuzzy-Arithmetik, Backpropagation-Netzwerke, Fuzzy-Mathematische Programmierung und Cloud-Computing.

Kap. 5, KI-Anwendungen im Shop Floor Management in der schlanken Produktion, definiert zunächst das Shop Floor Management. Dann werden einige Aktivitäten im Shop Floor Management in schlanken Produktionssystemen, wie Lean Data, Lean Maintenance, digitalisierte Kanbans und Single Minute Exchange of Die (SMED), diskutiert. KI-Technologien, die zur Unterstützung dieser Aktivitäten angewendet werden können, umfassen KNNs, Edge-Computing (oder Edge-Intelligence), RFID, maschinelles Lernen, Industrie 4.0 und genetische Programmierung. Einige Beispiele werden auch gegeben, um die Anwendung dieser KI-Technologien zu veranschaulichen.

Literatur

1. A. Popa, R. Ramos, A.B. Cover, C.G. Popa, Integration of artificial intelligence and lean sigma for large field production optimization: application to Kern River Field, SPE Annual Technical Conference and Exhibition (2005)

2. K. Antosz, L. Pasko, A. Gola, The use of artificial intelligence methods to assess the effectiveness of lean maintenance concept implementation in manufacturing enterprises. Appl. Sci. **10**(21), 7922 (2020)
3. M. Poppendieck, Principles of lean thinking. IT Manag. Select **18**, 1–7 (2011)
4. A. Sanders, C. Elangeswaran, J.P. Wulfsberg, Industry 4.0 implies lean manufacturing: research activities in industry 4.0 function as enablers for lean manufacturing. J. Ind. Eng. Manag. **9**(3), 811–833 (2016)
5. T. Melo, A.C. Alves, I. Lopes, A. Colim, Reducing 3M by improved layouts and ergonomic intervention in a lean journey in a cork company, in *Occupational and Environmental Safety and Health II* (2020), S. 537–545
6. N. Toshiko, *Kaizen Express* (Lean Enterprise Institute, 2009)
7. J. Michalska, D. Szewieczek, The 5S methodology as a tool for improving the organization. J. Achiev. Mater. Manuf. Eng. **24**(2), 211–214 (2007)
8. T. Osada, *5S – Handmade Management Method* (JIPM, 1989)
9. C.D. Chapman, Clean house with lean 5S. Qual. Prog. **38**(6), 27–32 (2005)
10. R. Gapp, R. Fisher, K. Kobayashi, Implementing 5S within a Japanese context: an integrated management system. Manag. Decis. **46**(4), 565–579 (2008)
11. B. Kassem, F. Costa, A.P. Staudacher, Discovering artificial intelligence implementation and insights for lean production, in *European Lean Educator Conference* (2021), S. 172–181
12. J.T. Black, Design rules for implementing the Toyota production system. Int. J. Prod. Res. **45**(16), 3639–3664 (2007)
13. M. Saruta, Toyota production systems: the 'Toyota way' and labour–management relations. Asian Bus. Manag. **5**(4), 487–506 (2006)
14. M.L. Junior, M. Godinho Filho, Variations of the kanban system: literature review and classification. Int. J. Prod. Econ. **125**(1), 13–21 (2010)
15. H. Groenevelt, The just-in-time system. Handb. Oper. Res. Manag. Sci. **4**, 629–670 (1993)
16. T. Chen, Creating a just-in-time location-aware service using fuzzy logic. Appl. Spat. Anal. Policy **26**(9), 287–307 (2016)
17. H. Pačaiová, G. Ižaríková, Base principles and practices for implementation of total productive maintenance in automotive industry. Qual. Innov. Prosper. **23**(1), 45–59 (2019)
18. leanproduction.com, TPM (total productive maintenance) (2021). https://www.leanproduction.com/tpm/
19. C.J. Bamber, J.M. Sharp, M.T. Hides, Factors affecting successful implementation of total productive maintenance: a UK manufacturing case study perspective. J. Qual. Maint. Eng. **5**(3), 162–181 (1999)
20. R.M. Ali, A.M. Deif, Dynamic lean assessment for takt time implementation. Procedia CIRP **17**, 577–581 (2014)
21. T.R. Mohan, J.P. Roselyn, R.A. Uthra, D. Devaraj, K. Umachandran, Intelligent machine learning based total productive maintenance approach for achieving zero downtime in industrial machinery. Comput. Ind. Eng. **157**, 107267 (2021)
22. H. Nakayama, S. Ata, I. Oka, Predicting time series of individual trends with resolution adaptive ARIMA, in *2013 IEEE International Workshop on Measurements & Networking* (2013), S. 143–148
23. A. Encapera, A. Gosavi, S.L. Murray, Total productive maintenance of make-to-stock production-inventory systems via artificial-intelligence-based iSMART. Int. J. Syst. Sci. Operat. Logist. **8**(2), 154–166 (2021)
24. K. Senderská, A. Mareš, Š Václav, Spaghetti diagram application for workers' movement analysis. UPB Sci. Bull. Ser. D Mech. Eng. **79**(1), 139–150 (2017)
25. N. Daneshjo, V. Rudy, P. Malega, P. Krnáčová, Application of Spaghetti diagram in layout evaluation process: a case study. Technol. Edu. Manag. Inf. J. **10**(2), 573–582 (2021)
26. J.F. Cox III, J.G. Schleier Jr., *Theory of Constraints Handbook* (McGraw-Hill Education, 2010)

27. H. Zhang, Z. Jiang, C. Guo, Simulation-based optimization of dispatching rules for semiconductor wafer fabrication system scheduling by the response surface methodology. Int. J. Adv. Manuf. Technol. **41**(1–2), 110–121 (2009)
28. T. Chen, A fuzzy-neural DBD approach for job scheduling in a wafer fabrication factory. Int. J. Innov. Comput. Inf. Control **8**(6), 4024–4044 (2012)
29. M. Braglia, G. Carmignani, F. Zammori, A new value stream mapping approach for complex production systems. Int. J. Prod. Res. **44**(18–19), 3929–3952 (2006)
30. P. Perico, J. Mattioli, Empowering process and control in lean 4.0 with artificial intelligence, in *Third International Conference on Artificial Intelligence for Industries* (2020), S. 6–9

Kapitel 2
Künstliche Intelligenz in der Fertigung

2.1 Künstliche Intelligenz (KI)

Die Definition von künstlicher Intelligenz (KI) ist unbestimmt. Mit der Entwicklung von Computer-, Netzwerk- und Sensortechnologien wird sich die Bedeutung von KI weiterhin ändern [1]. Perico und Mattioli [2] haben KI-Technologien in zwei Kategorien unterteilt:

- **Datengetriebene KI** (d. h., gehirnähnliches Lernen), einschließlich künstlicher neuronaler Netzwerke, maschinelles Lernen (überwachtes Lernen, unüberwachtes Lernen, statistisches Lernen), evolutionäres Rechnen, unscharfe Logik usw. Datengetriebene KI wird oft im Kontext von Mustererkennung, Klassifizierung, Clustering oder Wahrnehmung verwendet.
- **Symbolische KI** (d. h., Modellierung und Wissensschlussfolgerung), einschließlich Ontologie, semantische Graphen, wissensbasierte Systeme, Schlussfolgerungen usw. Multikriterielle Entscheidungsfindung, Produktionsplanung und Auftragsplanung sind typische Anwendungen dieser Kategorie.

Aus Sicht von Pandl et al. [1] ermöglicht KI Computern die Ausführung von Aufgaben, die für Menschen einfach zu erledigen, aber schwer formal zu beschreiben sind. Dies scheint im Widerspruch zur Philosophie des Lean Managements zu stehen, bei dem Fertigungssysteme auf eine Weise verwaltet werden, die transparent ist (d. h., leicht zu verstehen und zu kommunizieren). Daher ist die Kombination von KI mit Lean Management eine Herausforderung. Eine Möglichkeit, diese Herausforderung zu bewältigen, besteht darin, die sogenannte erklärbare KI (XAI) anzuwenden [3].

KI-Technologien werden weitgehend in der Fertigung eingesetzt. Bisher hat die Anwendung von KI in der Fertigung engere Verbindungen zwischen Menschen, Maschinen und Informationstechnologien ermöglicht, was den Herstellern hilft, Prozesse besser zu optimieren und Probleme vorherzusagen [4]. Allerdings unterscheiden sich die in der Fertigung angewendeten KI-Technologien natürlich

von denen, die in anderen Bereichen angewendet werden. In einer Fertigungsumgebung muss KI Menschen, Maschinen und Systemen helfen, miteinander
zu kommunizieren. Im Gegensatz dazu werden KI-Technologien in anderen
Bereichen hauptsächlich eingesetzt, um Menschen zu unterstützen. Dennoch
könnte serviceorientierte Fertigung [5] diesen Unterschied beseitigen.

In der Zukunft gibt es einen Trend zur Verschmelzung von KI mit Internet-
technologien [5]. Es gibt auch Forscher, die Industrie 4.0 mit KI gleichsetzen [4].
Einige Forscher haben das Konzept von KI 2.0 vorgeschlagen [6–8], aber die von
ihnen gegebenen Definitionen waren nicht konsistent. Die Hauptmerkmale von
KI 2.0 umfassen tiefes Lernen, internetbasierte KI, erweiterte Intelligenz, cross-
mediale Schlussfolgerungen und andere [9].

Unter den bestehenden KI-Technologien ist die Maschinenintelligenz ein
besonders interessantes Feld, wie im Folgenden vorgestellt.

2.1.1 Maschinenintelligenz

Maschinelles Lernen ist ein Hauptstrom der KI. **Maschinelles Lernen** ist eine
Form der Datenanalyse, die Algorithmen verwendet, um kontinuierlich aus
Daten zu lernen [10]. Maschinelles Lernen ermöglicht es Computern, verborgene
Muster ohne tatsächliche Programmierung zu erkennen. Der Schlüsselaspekt des
maschinellen Lernens besteht darin, dass sich die Modelle an neue Datensätze
anpassen, um zuverlässige und konsistente Ausgaben zu erzeugen. Es gibt vier
Kategorien des maschinellen Lernens:

- **Überwachtes maschinelles Lernen:** Beim überwachten maschinellen Lernen
  wird ein Trainingsdatensatz verwendet, um ein Modell zu lehren, Ausgabe-
  variablen aus Eingabevariablen vorherzusagen. Dieser Trainingsdatensatz
  enthält Eingaben und korrekte Ausgaben (d. h., tatsächliche Werte). Der
  Algorithmus verwendet eine Verlustfunktion, um seine Genauigkeit zu messen,
  und passt sich an, bis der Fehler ausreichend minimiert ist [11].
- **Unüberwachtes maschinelles Lernen:** Beim unüberwachten maschinellen
  Lernen wird kein Trainingsdatensatz verwendet, um ein Modell zu lehren.
  Stattdessen findet das Modell selbst die verborgenen Muster und Erkenntnisse
  aus einem gegebenen Datensatz [12]. Maschinelles Lernen hat sich als sehr
  effizient bei der Klassifizierung von Bildern und anderen unstrukturierten Daten
  erwiesen, die mit klassischer regelbasierter Software sehr schwer zu handhaben
  sind [13].
- **Halbüberwachtes maschinelles Lernen:** Halbüberwachtes Lernen kombiniert
  Clustering (unüberwachtes Lernen) und Klassifizierung (überwachtes Lernen)
  Algorithmen. Zuerst wird eine unüberwachte maschinelle Lernmethode
  angewendet, um Objekte aufgrund ihrer Ähnlichkeiten zu clustern. Diese
  Cluster werden beschriftet und dann verwendet, um neue Objekte zu klassifizieren [13].

- **Verstärkendes maschinelles Lernen:** Beim verstärkenden maschinellen Lernen trifft ein Agent eine Reihe von Entscheidungen, um ein Ziel zu erreichen, wie zum Beispiel durch Versuch und Irrtum Lösungen für ein Problem in einer unsicheren, potenziell komplexen Umgebung zu finden. Der Agent wird für die Aktion, die er unternimmt, belohnt oder bestraft. Sein Ziel ist es, die Gesamtbelohnung (oder kumulative Belohnung) zu maximieren [14]. Verstärkendes maschinelles Lernen ähnelt dem Konzept der dynamischen Programmierung in der Operationsforschung.

Wuest et al. [15] gaben einen Überblick über maschinelle Lernverfahren und beschrieben ihre erfolgreichen Anwendungen in einer Fertigungsumgebung. Die am häufigsten angewandten maschinellen Lernverfahren umfassten.

- **Induktives Lernen,** wie zum Beispiel Entscheidungsbauminduktion und Regelinduktion.
- **Instanzbasiertes Lernen,** wie zum Beispiel fallbasiertes Schließen.
- **Genetische Algorithmen (GAs):** GAs behandeln machbare Lösungen für ein Problem als Gene. Diese machbaren Lösungen werden dann in einer Art und Weise verbessert, die der genetischen Evolution ähnelt [16].
- **Künstliche neuronale Netze (ANNs)** (für überwachtes, unüberwachtes oder verstärkendes maschinelles Lernen): Ein ANN ist eine Netzwerkarchitektur, die die Verbindungen biologischer Neuronen nachahmt, in der künstliche Neuronen Signale empfangen, verarbeiten und an andere senden, um eine potenziell komplexe Aufgabe der Klassifizierung, des Schließens oder der Vorhersage zu erfüllen [17].
- **Bayessche Ansätze:** Die Bayessche Inferenz ist eine statistische Inferenzmethode. Zuerst werden Inferenzen, Klassifizierungen oder Vorhersagen auf der Grundlage bestimmter Annahmen gemacht. Frühere Annahmen werden aktualisiert, wenn neue Beweise oder Informationen verfügbar werden [18].

Einige Beispiele für KI-Anwendungen in der Fertigung werden in den folgenden Abschnitten gegeben.

2.2 KI-Anwendungen in der Fertigung

2.2.1 Induktives Lernen

Die Zykluszeit, Durchlaufzeit oder Fertigungszeit eines Auftrags ist die Zeit, die für die Durchführung des Auftrags in der Fabrik benötigt wird. Die Schätzung und Verkürzung der Zykluszeiten von Aufträgen ist entscheidend für die Verbesserung der Wettbewerbsfähigkeit des Unternehmens. Zu diesem Zweck schlugen Wu und Chen [19] einen hybriden Ansatz aus Klassifikations- und Regressionsbaum (CART)-Backpropagation-Netzwerk (BPN) zur Schätzung der Zykluszeiten von

Aufträgen in einer Wafer-Fertigungsfabrik (Wafer Fab) vor, bei dem Aufträge zunächst mit einem CART klassifiziert wurden, bevor die Zykluszeiten mit BPNs geschätzt wurden. Zwei maschinelle Lernverfahren, Entscheidungsbaumdinduktion und ANNs, wurden in dieser Anwendung eingesetzt.

3D-Druck ist eine Schlüsselentwicklung in der additiven Fertigung. Wang et al. [20] erwähnten einige der Schwierigkeiten, mit denen 3D-Druckforscher und -praktiker konfrontiert sind, einschließlich hoher Eintrittsbarrieren für das Design für additive Fertigung (DfAM), begrenzter Materialbibliothek, verschiedener Defekte und inkonsistenter Produktqualität. Sie glaubten, dass maschinelles Lernen helfen kann, diese Schwierigkeiten zu überwinden. Zum Beispiel wurden beim Design von Metamaterialien maschinelle Lernverfahren angewendet, um die Eigenschaften eines Metamaterials vorherzusagen. Darüber hinaus wurden hierarchisches Clustering und Support-Vektor-Maschinen gemeinsam verwendet, um die Materialverteilung einer 3D-gedruckten Struktur innerhalb eines gegebenen Designraums unter Berücksichtigung spezifischer Lasten und Einschränkungen zu optimieren.

Die Fluktuationssmoothing-Regel für Zykluszeitvariationen (FSVCT) ist eine effektive Regel zur Planung von Aufträgen in einer Wafer-Fab, um die Variation der Zykluszeiten von Aufträgen zu reduzieren [21]. Allerdings ist ihr Regelinhalt für verschiedene Wafer-Fabs festgelegt. Wenn der Regelinhalt auf eine spezifische Wafer-Fab zugeschnitten werden könnte, wäre er effektiver. Zu diesem Zweck normalisierten Chen et al. [22] zunächst die Variablen in der traditionellen FSVCT-Regel, um die nichtlineare FSVCT-Regel vorzuschlagen. Anschließend wurden zwei Parameter zur nichtlinearen FSVCT-Regel hinzugefügt, um die Regel auf eine spezifische Wafer-Fab zuzuschneiden.

Die Auswahl geeigneter Lieferanten ist eine entscheidende Aufgabe zur Bildung einer nachhaltigen Lieferkette. Zu diesem Zweck stellten Amindoust et al. [23] ein Fuzzy-Inferenzsystem (FIS) auf, das aus vielen kleineren FISs besteht, um die Leistungen eines Kandidatenlieferanten entlang verschiedener Dimensionen zu bewerten. Theoretisch können die Fuzzy-Inferenzregeln in einem FIS durch das Mining historischer Daten oder auf der Grundlage von Expertenerfahrungen abgeleitet werden. Amindoust et al. wählten die letztere Methode.

2.2.2 Instanzbasiertes Lernen

Eine beliebte Methode des instanzbasierten Lernens ist das fallbasierte Schließen (CBR). In Madhusudan et al. [24] wurden die repräsentativen Workflow-Designs von Fertigungssystemen als Fälle betrachtet. Sie diskutierten, wie diese Fälle gespeichert, abgerufen, wiederverwendet und kombiniert werden können. Bei der Gestaltung des Workflows eines neuen Fertigungssystems wurde die Ähnlichkeit zwischen dem neuen Fertigungssystem und bestehenden Fällen verglichen. Dann wurde das Workflow-Design des neuen Fertigungssystems aus denen bestehender Fälle mit der gewichteten Durchschnittsmethode (WA) erzeugt.

Um den Energieverbrauch von Klimaanlagen in Bürogebäuden zu senken, setzten González-Briones et al. [25] CBR ein. Zunächst wurden Sensoren im Bürogebäude installiert, um zu erfassen, wie viele Personen zu verschiedenen Tagen und Zeiten im Büro waren. Dann wurden die gesammelten Daten analysiert, um Fälle für die Vorhersage der Anzahl von Personen im Büro zu erstellen. In verschiedenen Fällen arbeiteten die Klimaanlagen auf unterschiedliche Weise, um den Energieverbrauch zu senken.

Die Planung von Aufträgen in einer Halbleiterfertigungsfabrik ist eine äußerst komplizierte Aufgabe, da Hunderte von Maschinen und Zehntausende von Aufträgen beteiligt sind. Daher ändern sich die Produktionsbedingungen in einem Halbleiterfertigungssystem ständig und sind schwer als Fälle zu modellieren. Um diese Schwierigkeit zu überwinden, modellierten Jim et al. [26] die Produktionsbedingungen in einem Halbleiterfertigungssystem als Petri-Netz und kartierten dann die Zustände des Petri-Netzes auf Fälle. Anschließend konnte CBR angewendet werden, um einen Planungsplan für die aktuellen Produktionsbedingungen zu erstellen.

Das interne Fälligkeitsdatum einer Bestellung ist der Zeitpunkt, zu dem die Bestellung fertiggestellt und dem Kunden geliefert werden kann, was in der Regel intern vom Produktionsplaner der Fabrik bewertet wird. Daher sollte ein internes Fälligkeitsdatum so früh wie möglich sein, um attraktiv zu sein. Es hängt jedoch von den Durchlaufzeiten aller Aufträge der Bestellung ab. Um das interne Fälligkeitsdatum für eine Bestellung in einer Wafer-Fab zu bestimmen, schlugen Chang et al. [27] eine CBR-Methode vor, bei der ein Fall durch einen Vektor repräsentiert wurde, der die sechs Attribute einer Bestellung enthält: die durchschnittliche Warteschlangenlänge, Bearbeitungszeit, die Anzahl der Aufträge in der Fabrik, die Anzahl der Aufträge in der Warteschlange, Fabriklast und Durchlaufzeit. Die Durchlaufzeit einer neuen Bestellung wurde auf der Grundlage ihrer ersten fünf Attribute geschätzt, indem die neue Bestellung mit bestehenden Fällen verglichen wurde.

Die Messung der Ähnlichkeit zwischen Fällen in CBR ist ein wertvolles Konzept für den Ein-Minuten-Wechsel von Matrizen (SMED) in der schlanken Fertigung, bei dem Produkte mit ähnlichen Einrichtungen nacheinander verarbeitet werden sollten. Die Ähnlichkeit zwischen zwei Fällen ist normalerweise umgekehrt proportional zu ihrem euklidischen Abstand:

$$d(A, B) = \sqrt{\sum_{i=1}^{n} (A_i - B_i)^2} \qquad (2.1)$$

wo A und B zwei Fälle sind. A_i und B_i bezeichnen ihre Werte in der i-ten Dimension, jeweils; $i = 1 \sim n$.

Das Verfahren zur Implementierung von CBR ist in Abb. 2.1 dargestellt.

Abb. 2.1 Verfahren zur
Implementierung von CBR

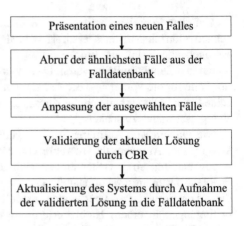

Präsentation eines neuen Falles

↓

Abruf der ähnlichsten Fälle aus der Falldatenbank

↓

Anpassung der ausgewählten Fälle

↓

Validierung der aktuellen Lösung durch CBR

↓

Aktualisierung des Systems durch Aufnahme der validierten Lösung in die Falldatenbank

2.2.3   Genetische Algorithmen

Eine gängige Praxis in der Produktionsterminplanung besteht darin, Aufträge mit ähnlichen Produktionsbedingungen zusammenzufassen, um Rüstzeiten zu reduzieren, im Einklang mit der Philosophie von SMED im Lean Manufacturing [28]. Dies reduziert auch die Bearbeitungszeiten, da die Bediener geschickt darin werden, ähnliche Produktionen zu wiederholen. Im Ergebnis der Auftragsklassifizierung wird die Variation zwischen Aufträgen im selben Cluster minimiert, während Unterschiede zwischen verschiedenen Auftragsclustern maximiert werden. Dies ist zweifellos ein Optimierungsproblem. Sowohl GAs als auch evolutionäre Informatik können zur Unterstützung bei der Lösung dieses Optimierungsproblems angewendet werden. GA kann auch zur Optimierung der Einstellung von Parametern in einer evolutionären Rechenmethode angewendet werden [29].

Chen und Lin [30] haben ein systematisches Verfahren zur Vergleichung verschiedener Anwendungen von intelligenten und Automatisierungstechnologien etabliert, um den langfristigen Betrieb einer Fabrik inmitten der COVID-19-Pandemie zu gewährleisten. Alpha-Cut-Operationen (ACO) wurden angewendet, um die relative Priorität eines Kriteriums für die Bewertung einer Anwendung von intelligenten und Automatisierungstechnologien präzise abzuleiten. Allerdings war ACO zeitaufwändig. Um dieses Problem zu lösen, wurde ein ACO-Problem in zwei beschränkte Optimierungsteilprobleme aufgeteilt. Dann wurde GA angewendet, um die globale optimale Lösung für jedes Teilproblem zu finden.

Kunyawan et al. [31] betrachteten eine Textilfabrik als eine Job-Shop, und wendeten dann GA an, um das Problem der Auftragsplanung der Textilfabrik zu lösen. Die Zielfunktion bestand darin, die Durchlaufzeit zu minimieren. Probleme dieser Art sind in der Regel NP-schwer. In der vorgeschlagenen Methodik wurden zunächst einige Terminpläne subjektiv entwickelt und dann bewertet. Dann wurden gute Pläne als erste Population von Genen beibehalten. GA wurde dann angewendet, um die Gene zu entwickeln und bessere Terminpläne zu erstellen.

Hong und Yo [32] formulierten das Energiemanagementproblem eines Fabrikstromsystems als stochastisches gemischt-ganzzahliges lineares Programmierproblem, indem sie die Unsicherheit in photovoltaischen Energien berücksichtigten. Die Zielfunktion bestand darin, den erwarteten Wert der Netto-Kosten für die Stromerzeugung aus dem Mikroturbinengenerator zu minimieren, der als die Kosten für die Stromerzeugung plus die Ausgaben für den Stromkauf minus die Einnahmen aus dem Stromverkauf berechnet wurde. Das gemischt-ganzzahlige lineare Programmierproblem wurde in zwei Schritten gelöst, indem GA und das Innenpunktsalgorithmus angewendet wurden.

Das Verfahren zur Implementierung von GA wird in Abb. 2.2 dargestellt. GA wird oft angewendet, um die Werte von Parametern in Maschinenlernalgorithmen zu optimieren, oder um mathematische Programmierprobleme zu lösen, die für die Planung oder Steuerung von Fertigungssystemen formuliert wurden. Aus dieser Sicht ist GA eine relativ indirekte KI-Technologie, daher ist es nicht unbedingt eine KI-Technologie, die Lean Manufacturing-Praktiker zuerst lernen sollten.

Abb. 2.2 Verfahren zur Implementierung von GA

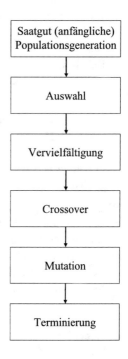

2.2.4 Künstliche Neuronale Netzwerke

KNNs sind eine der beliebtesten und am weitesten verbreiteten KI-Technologien. Es gibt verschiedene Arten von KNNs, z. B. Autoencoder, mehrschichtige
Perzeptronen, vorwärtsgerichtete neuronale Netzwerke (oder Rückpropagations-
netzwerke), eingeschränkte Boltzmann-Maschinen, konvolutionale neuronale
Netzwerke, spikende neuronale Netzwerke, Netzwerke mit langer Kurzzeit-
speicherung, rekurrente neuronale Netzwerke, selbstorganisierende Karten
usw. Diese KNNs unterstützen überwachtes, unüberwachtes und verstärkendes
maschinelles Lernen. KNNs werden auch mit anderen KI-Technologien
kombiniert (wie GA, Fuzzy-Logik und Deep Learning).

Die Schätzung der Stückkosten eines Produkts ist eine kritische Aufgabe für
Hersteller. Die Verbesserung der Schätzgenauigkeit ist jedoch nicht einfach, da
die Stückkosten eines Produkts mit einem Lernprozess abnehmen, der erheb-
liche Unsicherheiten beinhaltet. Um diese Schwierigkeit zu überwinden, schlugen
Chen et al. [33] einen agentenbasierten Fuzzy-Kollaborationsintelligenzansatz
vor, bei dem Agenten autonom einen unsicheren Stückkosten-Lernprozess aus
verschiedenen Perspektiven anpassten, um zukünftige Stückkosten zu schätzen.
Die Schätzergebnisse aller Agenten wurden unter Verwendung der Fuzzy-
Schnittmenge (FI) [34] aggregiert. Wenn die Entropie des Aggregationsergebnisses unter einem vorgegebenen Schwellenwert lag, wurde ein BPN erstellt, um
das Aggregationsergebnis zu entfuzzifizieren und einen einzigen repräsentativen
Wert zu erhalten.

Ein KNN mit mehreren versteckten Schichten wird als tiefes neuronales Netzwerk (DNN) bezeichnet. Ein DNN kann gegenüber einem KNN folgende Vorteile
haben [35]:

- Die mit einem DNN erzielte Prognosegenauigkeit kann höher sein als die mit
  einem KNN erzielte.
- Ein DNN benötigt möglicherweise weniger Knoten als ein KNN, um die
  gleiche Prognosegenauigkeit zu erreichen.
- Der Trainingsprozess eines DNN kann viel effizienter sein als der eines KNN.

Wang et al. [36] konstruierten ein zweidimensionales Netzwerk mit langer Kurz-
zeitspeicherung (LSTM) mit mehreren Speichereinheiten, um die Zykluszeit eines
Wafer-Lots vorherzusagen. Das LSTM-Netzwerk war ein tiefes rekurrentes neuronales Netzwerk [37]. Durch tiefes Lernen und Berücksichtigung der Korrelation
zwischen Netzwerkparametern wurde die Schätzgenauigkeit verbessert.

Selbstorganisierende Karten (SOM) werden häufig verwendet, um hoch-
dimensionale Daten zu clustern und zu visualisieren. Eine SOM projiziert hoch-
dimensionale Daten auf ein zweidimensionales Raster und erhält dabei ungefähr
die nichtlinearen Abhängigkeiten zwischen diesen Dimensionen. Alhoniemi et al.
[38] konstruierten eine SOM, um die Korrelation zwischen den Messwerten von
elf Sensoren des kontinuierlichen Zellstoffdigesters einer Zellstoffmühle und der
Produktqualität zu analysieren. Auf diese Weise fanden sie eine bessere Möglich-

keit, den kontinuierlichen Zellstoffdigester einzurichten, um die Produktqualität zu verbessern.

Ein adaptives netzwerkbasiertes Fuzzy-Inferenzsystem (ANFIS) ist eine Kombination aus KNN und FIS, das eine automatische Methode zur Aufzählung aller möglichen Fuzzy-Inferenzregeln aus Eingabevariablen bietet. Ein Beispiel ist in Abb. 2.3 dargestellt, bei dem sechs Eingabevariablen unscharf in 3, 2, 3, 2, 2 und 2 linguistische Begriffe unterteilt sind. Theoretisch gibt es höchstens 144 Fuzzy-Inferenzregeln. Nach dem Training bleiben nur Fuzzy-Inferenzregeln übrig, die die Ausgabe effektiv vorhersagen können. ANFIS wurde in vielen Bereichen umfangreich angewendet. Fazlic et al. [39] konstruierten ein ANFIS, um den Teergehalt eines Zigarettenprodukts vorherzusagen. Eingaben in das ANFIS umfassen den Durchmesser, die Filterbelüftung, Nikotin und Kohlenmonoxid des Zigarettenprodukts, und jede Eingabevariable wurde unscharf in sieben linguistische Begriffe unterteilt. Die unscharfen Partitionierungsergebnisse wurden jedoch nicht optimiert. Daher schlugen sie auch eine GA vor, um die Mitgliedschaftsfunktionen der linguistischen Begriffe weiter zu optimieren und die Vorhersageleistung zu verbessern.

Die Die-Ausbeute eines Wafers ist der Prozentsatz der guten Dies auf ihm. Dies kann jedoch erst nach der Verpackung und der Endprüfung festgestellt werden. Zu diesem Zeitpunkt ist es jedoch etwas zu spät, und viele Verpackungs- und Endtestkosten wurden bereits ausgegeben. Aus diesem Grund ist die Schätzung der

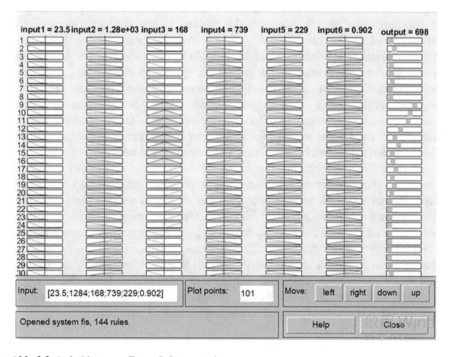

Abb. 2.3 Aufzählung von Fuzzy-Inferenzregeln

Die-Ausbeute eines Wafers auf der Grundlage des Defektmusters darauf (das sind große Daten) eine wichtige Aufgabe, die oft mit einem konvolutionalen neuronalen Netzwerk (CNN) [40] durchgeführt wird. Ein CNN hat drei Arten von Schichten: konvolutionale Schichten, Pooling-Schichten und vollständig verbundene Schichten [41]. Die erste Schicht eines CNN ist normalerweise eine konvolutionale Schicht. Sie ist mit weiteren konvolutionalen Schichten oder Pooling-Schichten verbunden. Die letzte Schicht des CNN ist eine vollständig verbundene Schicht. Mit zunehmender Anzahl der Schichten steigt die Komplexität des CNN, so dass es mehr Teile des Bildes erkennen kann. Die erste Schicht des CNN konzentriert sich auf einfache Merkmale wie Farbe und Kanten. Während die Bilddaten durch das CNN laufen, werden andere Teile des Bildes, wie Formen, erkannt, und schließlich kann das CNN das Bild erkennen.

2.2.5   Bayesianische Ansätze

Jones et al. [42] konstruierten ein Bayessches Netzwerk, um die Auswirkungen bestimmter Ereignisse auf das Ausfallrisiko eines Fertigungssystems zu modellieren. Sobald neue Daten oder Informationen verfügbar wurden, wurden die Wahrscheinlichkeiten dieser Ereignisse und ihre Auswirkungen auf das Ausfallrisiko des Fertigungssystems entsprechend aktualisiert, was genauere Vorhersagen des Ausfallrisikos ermöglichte.

Die Schätzung und Reduzierung der Varianz in den Produktionsergebnissen ist entscheidend für die Verbesserung der Produktionseffizienz und Produktqualität. Bestehende Methoden zur Identifizierung der Ursachen von Variationen gehen oft von einer ausreichend großen Menge an Messdaten aus, was nicht unbedingt zutrifft. Um dieses Problem zu lösen, schlugen Lee et al. [43] einen Bayesianischen Ansatz vor. Zunächst wurden die Auswirkungen möglicher Variationen auf Basis von Domänenwissen modelliert. Diese Modelle wurden modifiziert, wenn mehr tatsächliche Daten oder Informationen verfügbar wurden. Dann wurden die Auswirkungen dieser Variationen erneut bewertet.

In einer Wafer-Fabrik sind verschiedene Sensoren in Maschinen installiert, um ihren Arbeitsstatus zu überwachen, was zu einer großen Menge an Daten führt, die als Big Data bekannt sind. Aus diesem Grund wurden viele Methoden der Big-Data-Analyse eingesetzt, um solche Daten zu analysieren und wertvolle Informationen für die Produktionsplanung und -steuerung zu generieren. Yang und Lee [44] konstruierten ein Bayessches Glaubensnetzwerk (BBN), um die kausalen Beziehungen zwischen verschiedenen Zuständen einer Maschine zu untersuchen und ihre Auswirkungen auf die Wafer-Qualität zu bewerten. Diese Beziehungen wurden durch die Netzwerkstruktur veranschaulicht und die Auswirkungen wurden durch bedingte Wahrscheinlichkeiten im Modell quantifiziert.

2.2.6   Fuzzy-Logik

Die Jobplanung ist eine wichtige, aber schwierige Aufgabe für eine Wafer-Fabrik. Um die Leistung der Jobplanung in einer Wafer-Fabrik weiter zu verbessern, schlug Chen [45] einen Fuzzy-Neuralen Dynamischen Engpass-Erkennungsansatz (DBD) vor. Der Fuzzy-Neurale DBD-Ansatz ist eine Verbesserung des traditionellen DBD-Ansatzes mit einigen wesentlichen Änderungen. Erstens wurde unter Berücksichtigung der Unsicherheit der Jobklassifikation eine Fuzzy-Partitionierung angewendet, um Jobs in verschiedene Kategorien zu klassifizieren. Zweitens wurde der Fuzzy c-Means und Fuzzy Backpropagation Network (FCM-FBPN) Ansatz [46] angewendet, um die verbleibende Zykluszeit eines Jobs zu schätzen. Drittens wurden die Heuristiken in der traditionellen DBD-Methode durch fortschrittlichere und flexiblere Dispatching-Regeln ersetzt, wie die Regel der kürzesten Zykluszeit bis zum nächsten Engpass (SCNB) und die Regel der vierfaktoriellen bi-Kriterien nichtlinearen Fluktuation Glättung (4f-biNFS) [47].

Chen [48] etablierte ein ubiquitäres Fertigungssystem mit mehreren 3D-Druckeinrichtungen, in dem die Druckzeit eines 3D-Objekts als unscharfe Zahl definiert wurde, um seine Unsicherheit zu berücksichtigen. Dann wurden ein unscharfes gemischt-ganzzahliges lineares Programmierungsmodell (FMILP) und ein unscharfes gemischt-ganzzahliges quadratisches Modell (FMIQP) optimiert, um die Lasten auf den 3D-Druckeinrichtungen auszugleichen und den kürzesten Lieferweg zu planen.

Nachdem die Wafer hergestellt sind, müssen einige aufgrund zu vieler Defekte verschrottet werden. Dadurch wird die Energie, die zur Herstellung dieser verschrotteten Wafer verwendet wurde, verschwendet. Um die Energieverschwendung während der Wafer-Herstellung zu minimieren, schlugen Wang et al. [49] einen unscharfen nichtlinearen Programmierungsansatz (FNLP) vor. Sie modellierten zunächst den Prozess der Behebung von Qualitätsproblemen eines Produkts als unscharfen Lernprozess. Dann wurde die durch den Lernprozess eingesparte Energie quantifiziert. Anschließend wurde ein FNLP-Modell formuliert und optimiert, um den Gesamtenergieverbrauch in der Wafer-Fabrik durch Optimierung des Produktmixes zu minimieren.

Die Anwendung spezifischer KI-Technologien in der Fertigung wird durch die folgenden Faktoren beeinflusst:

- Verständlichkeit;
- Kommunikationsfähigkeit;
- Anwendbarkeit;
- Wirksamkeit;
- Effizienz;
- Kosten und Ausgaben;
- Eignung für die Anwendung.

wie in Abb. 2.4 dargestellt.

Abb. 2.4 Faktoren, die bei der Auswahl von KI-Technologieanwendungen für ein Fertigungssystem berücksichtigt werden

2.2.7   3D-Druck

Dreidimensional (3D) bedeutet, ein 3D-Objekt durch die Formung aufeinanderfolgender Materialschichten zu erstellen, die von einem computergestützten Design- und Fertigungssystem (CAD/M) gesteuert werden. Der 3D-Druck wurde vom Nagoya Municipal Industrial Research Institute vorgeschlagen [50]. Akzeptable 3D-Modell-Dateiformate sind .STL, .OBJ, .VRML, .PLY und .ZIP. Chen und Lin [51] haben ein ubiquitäres Fertigungssystem mit mehreren 3D-Druckeinrichtungen eingerichtet, das einen Auftrag für 3D-Objekte auf mehrere 3D-Druckeinrichtungen verteilt, um die Durchlaufzeit (d. h., die längste Zykluszeit) zu minimieren.

Der 3D-Druck hat sich von einem Werkzeug für Produktforschung und -entwicklung zu einem Mechanismus für die Massenproduktion gewandelt. Espera et al. [52] bieten eine detaillierte Übersicht über verwandte Berichte und aktuelle Praktiken zum Anwendungsfortschritt des 3D-Drucks in der Elektronikfertigung, indem sie Methoden und Protokolle definieren, verschiedene 3D-Druckverfahren überprüfen und den Stand der Technik bei 3D-gedruckter Elektronik und deren Zukunft beschreiben.

Die 4D-Drucktechnologie ist eine Weiterentwicklung des 3D-Drucks, bei der die vierte Dimension die Zeit ist. Mit anderen Worten, mit der 4D-Drucktechnologie ändern 3D-gedruckte Produkte ihre Form oder andere Eigenschaften, wenn sich die Umgebung (einschließlich Temperatur, Helligkeit, Feuchtigkeit usw.) ändert [53].

2.2.8 Zufällige Wälder

Ein zufälliger Wald ist ein Klassifikationsalgorithmus, der aus vielen Entscheidungsbäumen besteht [54]. Jeder Entscheidungsbaum kann verwendet werden, um ein neues Objekt zu klassifizieren. Dann werden die Klassifikationsergebnisse aller Entscheidungsbäume aggregiert. Schließlich wird das neue Objekt in die Gruppe eingeteilt, die von den meisten Entscheidungsbäumen empfohlen wird. Wie CARTs können zufällige Wälder für Vorhersagezwecke angewendet werden.

In intelligenten Fabriken werden viele drahtlose Kommunikations-, Sensor- und Robotikgeräte gleichzeitig verwendet. Daher sind intelligente Fabriken energieintensiv. Um den Stromverbrauch einer intelligenten Fabrik vorherzusagen, haben Sathishkumar et al. [55] vier Methoden angewendet, darunter lineare Regression, radiale Kernel-Unterstützungsvektormaschine, Gradienten-Boosting-Maschine und RF. Faktoren, die bei der Vorhersage des Stromverbrauchs der intelligenten Fabrik berücksichtigt wurden, waren die Verzögerungs- und Vorlaufwerte der Faktoren, CO_2-Emission und Lasttyp. Nach den experimentellen Ergebnissen erzielte RF die beste Vorhersagegenauigkeit durch Minimierung des quadratischen Mittelfehlers.

Für eine Batterieherstellungsfabrik haben Liu et al. [56] RF angewendet, um die Auswirkungen von drei Zwischenproduktmerkmalen aus dem Mischstadium und einem Produktparameter aus dem Beschichtungsstadium auf die aktive Materialmasse und Porosität einer Batterie zu analysieren. Nach den experimentellen Ergebnissen hat die RF-Methode nicht nur zuverlässig die Elektrodeneigenschaften klassifiziert, sondern auch effektiv die Auswirkungen der Fertigungsmerkmale und deren Korrelationen quantifiziert.

2.3 AI-Anwendungen in Lean Manufacturing

2.3.1 Motivation

In der Vergangenheit war die Anwendung von AI nicht der Schwerpunkt von Lean Manufacturing Systemen. Jedoch macht der kommende AI-Boom, gekoppelt mit der zunehmenden Reife von AI-Technologien, die Anwendung von AI extrem attraktiv für Lean Manufacturing Systeme [57].

Warum benötigt ein Lean Manufacturing System die Anwendung von AI-Technologien? Auf der einen Seite kann ein Lean Manufacturing System nicht nur Abfälle und Lagerbestände reduzieren, sondern auch schneller auf Kundenbedürfnisse reagieren. Auf der anderen Seite wurden AI-Technologien umfangreich in Fabriken angewendet, um Maschineneinstellungen zu optimieren, Produktionssequenzierungs- und Planungsprobleme zu lösen, mögliche Produktqualitätsprobleme zu erkennen

und die Gesundheit einer Maschine zu diagnostizieren. Die Anwendung von
AI in Lean Manufacturing ist ein machbarer Weg, um die Vorteile dieser beiden
Disziplinen zu kombinieren.

Unserer Ansicht nach zielt Lean Manufacturing darauf ab, ein Fertigungssystem so zu betreiben, dass Menschen es erkennen können, während die
Anwendungen von AI in Fertigungssystemen immer komplizierter geworden sind,
was über das Verständnis von Menschen hinausgehen könnte. Die Anwendung von
AI in Lean Manufacturing scheint den Mittelpunkt zwischen den beiden Extremen
zu suchen oder eine Praxis zu sein, um die Stärken beider zu kombinieren.

Eine Sorge ist, ob die Anwendung von AI-Technologien die Rolle des
Menschen im Prozess der Lean-Verbesserung ersetzt. Nach Ansicht von
Devereaux [4] bietet die Anwendung von AI-Technologien nur mehr Echtzeit-
informationen und bessere Problemlösungswerkzeuge für die Menschen in einer
Fabrik.

2.3.2   Anwendungsverfahren

Das folgende Verfahren kann bei der Anwendung von KI-Technologien auf ein
schlankes Fertigungssystem befolgt werden (siehe Abb. 2.5):

Schritt 1. Bilden Sie ein Team in einem schlanken Fertigungssystem, um fortgeschrittene Daten, Kontrolle und Management zu konzipieren, was möglicherweise den Einsatz von KI-Technologien erfordert.

Schritt 2. Teammitglieder listen potenziell nützliche KI-Technologien mit Hilfe
eines KI-Technologieberaters auf.

Schritt 3. Teammitglieder bewerten diese KI-Technologien. Faktoren, die im
Bewertungsprozess berücksichtigt werden, sind in Abb. 2.6 zusammengefasst.
Das Verständnis, die Kommunikation und die Anwendung werden von zentraler
Bedeutung sein. Darüber hinaus strebt die schlanke Fertigung eine kontinuierliche
Verbesserung an [57]. Daher mag die Effizienz keine Rolle spielen, da es nicht
notwendig ist, dass eine KI-Technologieanwendung sofort wirksam ist.

Schritt 4. Teammitglieder wählen geeignete KI-Technologien aus.

Schritt 5. Bediener und Ingenieure im schlanken Fertigungssystem erlernen
diese KI-Technologien.

Schritt 6. Bediener und Ingenieure wenden diese KI-Technologien im
schlanken Fertigungssystem an.

Schritt 7. Bewerten Sie die Wirksamkeit und Effizienz von KI-Technologieanwendungen.

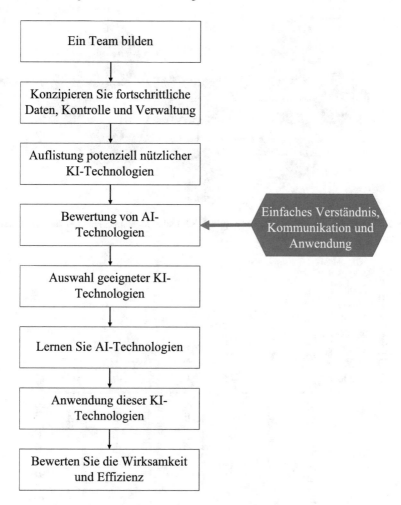

Abb. 2.5 Verfahren zur Einführung von KI-Technologieanwendungen in ein schlankes Fertigungssystem

2.3.3 Aktuelle Praxis und Probleme

Abb. 2.7 liefert Statistiken über die Beliebtheit von KI-Technologieanwendungen in der schlanken Fertigung. Am häufigsten angewandte KI-Technologien in der schlanken Fertigung sind maschinelles Lernen, Inferenz und Fuzzy-Logik.

Die Anwendung von KI-Technologien erfordert Investitionen in Informationssoftware und -hardware sowie technisches Wissen. Diese Investitionen sind in der Regel nicht billig. Was die Auswirkungen betrifft, so beschränken sich die Anwendungen von KI-Technologien oft auf großflächige Fertigungssysteme. Nach Ansicht von Devereaux [4] sind KI-Technologien jedoch potenziell anwendbar in

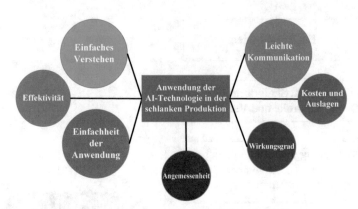

Abb. 2.6 Faktoren, die bei der Bewertung von KI-Technologieanwendungen für die schlanke Fertigung berücksichtigt werden

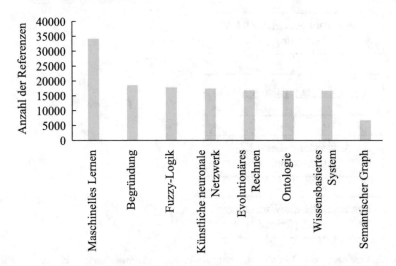

Abb. 2.7 Anzahl der Referenzen über KI-Anwendungen in der schlanken Fertigung von 2010 bis 2022. (*Datenquelle* Google Scholar)

kleinen Fertigungssystemen, die eine schlanke Fertigung anstreben. Der Grund ist, dass ein schlankes Fertigungssystem eine kontinuierliche Verbesserung anstrebt. Sobald ein Problem gefunden wird, ist es notwendig, mögliche Ursachen zu finden und zu beseitigen, was zu Unterbrechungen des Betriebs führt. Die Anwendung von KI-Technologien hilft, diese Probleme zu erkennen, vorherzusagen und zu lösen, ohne den Betrieb zu unterbrechen.

Bisher gab es einige Literatur oder Berichte, die die Anwendung von KI in der schlanken Fertigung diskutieren. Die aktuelle Praxis hat jedoch die folgenden Probleme:

- Einige Literatur oder Berichte haben den Wert der Anwendung von KI in der schlanken Fertigung nicht spezifisch quantifiziert.
- Einige Literatur oder Berichte haben die Vorteile, die durch die Anwendung von KI gebracht werden, übertrieben.
- Die meisten Literatur oder Berichte präsentieren viele Details von Informationstechnologien oder -systemen, die für Praktiker der schlanken Fertigung schwer zu verstehen, zu kommunizieren und/oder zu akzeptieren sind.

2.3.4 Beispiele

Die Anwendung fortgeschrittener Datenanalysemethoden zur Ermittlung von Richtungen, die Abfälle reduzieren können, gilt als Ausgangspunkt für die Anwendung von KI in einem schlanken Produktionssystem, da dieser Ansatz keine Hardware-Investitionen und Know-how erfordert, schnell angewendet werden kann und nicht in bestehende Abläufe eingreift. Devereaux [4] schlug vor, dass ein schlankes Produktionssystem maschinelles Lernen als Beginn der KI-Anwendungen übernimmt. Diese Anwendungen basieren auf bereits installierten Maschinensensoren, vorhandener Informationssoftware und -hardware sowie der Expertise von Datenanalysten.

Susilawati et al. [58] schlugen einen unscharfen Mehrkriterien-Bewertungsansatz vor, um die Schlankheit eines Produktionssystems zu bewerten. Die 66 Kriterien wurden in sechs Kategorien unterteilt: Kundenprobleme, Lieferantenprobleme, Produktion und internes Geschäft, Forschung und Entwicklung, Lernperspektiven und Investitionsprioritäten, wie in Tab. 2.1 zusammengefasst. Auch die KI-Technologien, die zur Verbesserung der Leistungen bei der Optimierung dieser Kriterien anwendbar sind, sind aufgelistet. Allerdings können zu viele Bewertungskriterien die Exzellenz eines schlanken Produktionssystems in einem spezifischen Aspekt verwässern.

Aus Sicht von Popa et al. [59] kann Data Mining angewendet werden, um mögliche Ziele für Verbesserungen zu identifizieren. Dann kann ein Expertensystem eingerichtet werden, um die Auswirkungen der Verbesserung dieser Ziele auf die Wettbewerbsfähigkeit des Fertigungssystems zu schätzen.

Antosz et al. [60] sammelten die Daten von 150 Lean-Unternehmen und wendeten dann KI-Techniken (einschließlich CART, Rough Set Theory und GAs) an, um Entscheidungsregeln/-bäume zu ermitteln, um die Leistung eines Lean-Unternehmens in Bezug auf die Gesamtanlageneffektivität (OEE) auf Basis seiner Attribute zu schätzen.

Küfner et al. [61] konstruierten ein ANN, um den Status einer Maschine zu klassifizieren. Auf diese Weise kann eine vorbeugende Wartung durchgeführt werden, bevor die Maschine möglicherweise abnormal wird, um den durch unerwartete Maschinenausfälle verursachten Produktionskapazitätsverlust zu reduzieren.

Tab. 2.1 Kriterien zur Bewertung der Schlankheit eines Produktionssystems und anwendbare KI-Technologien

Kategorie	Kriterien	Anwendbare KI-Technologien
Kundenprobleme	• Anzahl der Produktvielfalt • Produktqualität • Reaktionszeit • Garantie und Gewährleistung • Produkt • Produktkosten • Lieferleistung • Kundenanforderungsanalyse • Produktanpassung • Anzahl der zertifizierten Lieferanten	• GAs • Induktives Lernen • Instanzbasiertes Lernen • ANNs • Bayessche Ansätze • Fuzzy-Logik
Lieferantenprobleme	• Kommunikation und Vorschläge an Lieferanten • Einbeziehung von Lieferanten in die Entwicklung neuer Produkte • Langfristige Partnerschaften mit Lieferanten aufrechterhalten • Entfernung von Lieferanten vom Standort des Herstellers eliminieren • Qualität des vom Lieferanten gesendeten Produkts aufrechterhalten • Reduzierung der Zeit zur Produktlieferung • Versuch, die Anzahl der Lieferanten der wichtigsten Teile/Materialien zu reduzieren • Gesamtbewertung der Lieferkosten • Darstellung von in der Firma schriftlich oder dokumentiert festgehaltenen Verfahren • Bewertung der Lieferantenleistung	• GAs • Induktives Lernen • Instanzbasiertes Lernen • ANNs • Bayessche Ansätze • Fuzzy-Logik

(Fortsetzung)

Tab. 2.1 (Fortsetzung)

Kategorie	Kriterien	Anwendbare KI-Technologien
Herstellung und internes Geschäft	• Reduzierung der Stup-Zeit • Arbeitsstandardisierung • Zellulare Fertigung • Fehlervermeidung • Wertidentifikation • Gesamtproduktive Instandhaltung • Organisation der Werkstatt • Gesamtqualitätsmanagement • Reduzierung der Zykluszeit • Multifunktionale Belegschaft • Arbeitsdelegation • Mitarbeiterbewertung • Bonus für die beste Mitarbeiterleistung • Fertigungszykluszeit • Fertigwarenlager • Rohmateriallager • Gerätenutzung • Arbeitsauslastung • Betriebskomplexität • Defekte in Produkten • Übermäßige Vorlaufzeit • Übermäßige Bewegung • Übermäßiger Schrott • Untätigkeit der Arbeiter • Unangemessene Verarbeitung • Maschinenausfallzeit • Nichtnutzung der Kreativität der Belegschaft • Schlechtes Fondsmanagement • Pull-Flow-Steuerung • Produktionsplanung • Reduzierung der Losgröße	• GAs • Induktives Lernen • Instanzbasiertes Lernen • ANNs • Bayessche Ansätze • Fuzzy-Logik

(Fortsetzung)

Tab. 2.1 (Fortsetzung)

Kategorie	Kriterien	Anwendbare KI-Technologien
Forschung und Entwicklung	• Teilestandardisierung • Gleichzeitiges Engineering • Design für die Fertigung • Reduzierung der Produktvorlaufzeit • Entwicklung • Marktforschung	• GAs • Induktives Lernen • Instanzbasiertes Lernen • ANNs • Bayessche Ansätze • Fuzzy-Logik
Lernperspektiven	• Schulung der Mitarbeiter für drei oder mehr Jobs (multifunktional) • Verwendung von visuellem Management oder Hilfsmitteln • Anzahl der Schulungsstunden für neu eingestelltes Personal	NA
Investitionspriorität	• Forschung und Entwicklung • Automatisierungsprozesse • Mitarbeitertraining • Marktforschung • Beschaffung neuer Maschinen • Beschaffung von Werbung	• Induktives Lernen • Instanzbasiertes Lernen • Bayessche Ansätze • Fuzzy-Logik

Mit dem zunehmenden Bewusstsein für Umweltschutz muss eine Fabrik, die schlanke Fertigung umsetzt, den Schaden für die Umwelt reduzieren, während sie Abfälle in der Fabrik reduziert. Daher müssen bei der Bewertung, ob eine Fabrik schlank genug ist, auch umweltbezogene Kriterien berücksichtigt werden. Vahabi Nejat et al. [62] haben die Fuzzy Complex Proportional Assessment (Fuzzy COPRAS) Methode angewendet, um die Lean-Ebenen von fünf indischen Textilfabriken zu vergleichen. Die Kriterien, die im Vergleichsprozess berücksichtigt wurden, wurden in sechs Kategorien unterteilt, einschließlich Umweltschutz und Energiemanagement. Eine Fuzzy COPRAS Methode [63] berücksichtigt die Leistungen von Maximierungs- und Minimierungskriterien auf unterschiedliche Weise. Wenn es Alternativen gibt, die besonders gut darin sind, Minimierungskriterien zu optimieren, werden die Prioritäten anderer Alternativen erheblich reduziert.

Ante et al. [64] entwarfen einen Key Performance Indicator (KPI) Baum, bei dem die obersten Ebenen die Leistungen eines Fertigungssystems in verschiedenen Aspekten zeigen, die als Key Performance Results bezeichnet wurden. Unter den obersten Ebenen waren KPIs organisiert von großen Elementen (auf höheren Ebenen) zu kleinen Elementen (auf niedrigeren Ebenen).

Pourjavad et al. [65] etablierten ein Mamdani FIS Netzwerk zur Bewertung der Leistung eines schlanken Fertigungssystems, für das elf Kriterien berücksichtigt wurden. Diese Kriterien wurden in fünf Kategorien gruppiert: Produktivität, Ausgabemenge, Produktionskosten, Verkauf und Qualitätskosten. Für jede Kategorie wurde ein kleines Mamdani FIS eingerichtet, um die Gesamtleistung der Kategorie zu bewerten. Anschließend wurden die Gesamtleistungen aller Kategorien in ein großes Mamdani FIS eingegeben, um die Gesamtleistung des schlanken Fertigungssystems zu bewerten. Neben der Bewertung der Leistung eines schlanken Fertigungssystems kann ein solches System auch die Wirkung einer Verbesserungs- (oder Kaizen-) Aktivität messen.

Um SMED umzusetzen, schlugen Almomani et al. [66] eine Multi-Kriterien-Entscheidungsmethode vor, um die beste Einstellungstechnik auszuwählen. Die Multi-Kriterien-Entscheidungsmethode bestand aus Analytical Hierarchal Process (AHP), Preference Selection Index (PSI) und der Technique for Order Preference by Similarity to Ideal Solution (TOPSIS). Zuerst wurde AHP oder PSI angewendet, um die Prioritäten (oder Gewichte) der Kriterien abzuleiten. Bei AHP wurden die relativen Prioritäten der Kriterien paarweise verglichen, während bei PSI die Prioritäten der Kriterien proportional zu den Ähnlichkeiten der normalisierten Leistungen waren [64]. Anschließend wurden die Prioritäten der Kriterien, die mit AHP und PSI abgeleitet wurden, in TOPSIS und WA eingegeben, um die Gesamtleistungen der Alternativen zu bewerten. Allerdings ist ein Entscheidungsträger oft unsicher über die relative Priorität eines Kriteriums gegenüber einem anderen. Um diese Unsicherheit zu modellieren, wird AHP in der Regel durch Fuzzy Analytic Hierarchy Process (FAHP) ersetzt, bei dem relative Prioritäten durch unscharfe Zahlen dargestellt werden. Anschließend werden Fuzzy Geometric Mean (FGM), Fuzzy Extent Analysis (FEA), Alpha-Cut Operations (ACO) oder unscharfe Beziehungen angewendet, um die Priorität jedes Kriteriums abzuleiten. Jede dieser Methoden hat Vor- und Nachteile [67].

2.4   Überlegungen zur Einführung von KI in die schlanke Fertigung

Die folgenden Empfehlungen können als Referenz für Praktiker der schlanken Fertigung dienen, wenn sie die Einführung von KI in Betracht ziehen:

- Benötigt ein schlankes Fertigungssystem die Anwendung von künstlicher Intelligenz? Die Antwort könnte nein sein. Mit traditioneller schlanker Fertigung könnten zusätzliche Ressourcen verschwendet werden. Dennoch, wenn man von früheren Fällen ausgeht, ist die Anwendung von KI in schlanken Fertigungssystemen, anstatt einfach nur Popularität zu verfolgen, einen Versuch wert.
- KI-Technologieanwendungen stellen oft Chancen zur Verbesserung dar, anstatt Lösungen für bestehende Probleme zu sein.
- Praktiker der schlanken Fertigung sollten das Grundwissen über KI-Technologien wie (gewöhnliche) unscharfe Logik, Feedforward-Neuralnetzwerke (FNNs), CBR und andere untere KI-Technologien (siehe Abb. 2.8) erlernen.
- Wählen Sie innerhalb jeder Kategorie von KI-Technologien die einfachste Form.

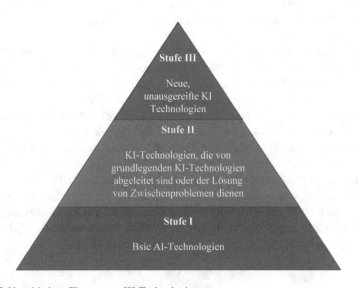

Abb. 2.8 Verschiedene Ebenen von KI-Technologien

- Wenn jedoch die entsprechende Softwareanwendung ausgereift und einfach zu bedienen ist, können schwierigere Formen angewendet werden. Für die Benutzerfreundlichkeit übertrifft eine bequeme Benutzeroberfläche ausführbare Befehle, die wiederum die Programmierung übertrifft.
- Die transparente Managementphilosophie der schlanken Fertigung sollte modifiziert werden, um Black Boxes im Fertigungssystem zu akzeptieren (d. h., Anwendungen von KI-Technologien).

Literatur

1. K.D. Pandl, S. Thiebes, M. Schmidt-Kraepelin, A. Sunyaev, On the convergence of artificial intelligence and distributed ledger technology: a scoping review and future research agenda. IEEE Access **8**, 57075–57095 (2020)
2. P. Perico, J. Mattioli, Empowering process and control in lean 4.0 with artificial intelligence, in *Third International Conference on Artificial Intelligence for Industries* (2020), S. 6–9
3. C. Labreuche, S. Fossier, Explaining multi-criteria decision aiding models with an extended Shapley value, in *Proceedings of the Twenty-Seventh International Joint Conference on Artificial Intelligence* (2018), S. 331–339
4. D. Devereaux, Smaller manufacturers get lean with artificial intelligence (2019). http://www.nist.gov/blogs/manufacturing-innovation-blog/smaller-manufacturers-get-leanartificial-intelligence
5. Y. Sun, L. Li, H. Shi, D. Chong, The transformation and upgrade of China's manufacturing industry in Industry 4.0 era. Syst. Res. Behav. Sci. **37**(4), 734–740 (2020)
6. P. Palensky, D. Bruckner, A. Tmej, T. Deutsch, Paradox in AI–AI 2.0: the way to machine consciousness, in *International Conference on IT Revolutions* (2008), S. 194–215
7. Y.H. Pan, Heading toward artificial intelligence 2.0. Engineering **2**(4), 409–413 (2016)
8. P.J. Lisboa, AI 2.0: Augmented intelligence, data science and knowledge engineering for sensing decision support, in *Proceedings of the 13th International FLINS Conference* (2018), S. 10–11
9. B.H. Li, B.C. Hou, W.T. Yu, X.B. Lu, C.W. Yang, Applications of artificial intelligence in intelligent manufacturing: a review. Front. Inform. Technol. Electron. Eng. **18**(1), 86–96 (2017)
10. A. Manghani, A primer on machine learning (2017). https://ce.uci.edu/pdfs/certificates/machine_learning_article.pdf
11. IBM, Supervised learning (2022). https://www.ibm.com/cloud/learn/supervised-learning
12. JavaTpoint, Unsupervised machine learning (2022). https://www.javatpoint.com/unsupervised-machine-learning
13. B. Dickson, What is semi-supervised machine learning? (2021). https://bdtechtalks.com/2021/01/04/semi-supervised-machine-learning/
14. B. Osiński, K. Budek, What is reinforcement learning? The complete guide (2018). https://deepsense.ai/what-is-reinforcement-learning-the-complete-guide/
15. T. Wuest, D. Weimer, C. Irgens, K.D. Thoben, Machine learning in manufacturing: advantages, challenges, and applications. Prod. Manuf. Res. **4**(1), 23–45 (2016)
16. L. Haldurai, T. Madhubala, R. Rajalakshmi, A study on genetic algorithm and its applications. Int. J. Comput. Sci. Eng. **4**(10), 139 (2016)
17. D. Graupe, *Principles of Artificial Neural Networks,* vol. 7 (World Scientific, 2013)
18. J. Mockus, *Bayesian Approach to Global Optimization: Theory and Applications*, Bd. 37 (Springer Science & Business Media, 2012)
19. H.C. Wu, T. Chen, CART–BPN approach for estimating cycle time in wafer fabrication. J. Ambient. Intell. Humaniz. Comput. **6**(1), 57–67 (2015)

20. C. Wang, X.P. Tan, S.B. Tor, C.S. Lim, Machine learning in additive manufacturing: state-of-the-art and perspectives. Addit. Manuf. **36**, 101538 (2020)
21. S.C.H. Lu, D. Ramaswamy, P.R. Kumar, Efficient scheduling policies to reduce mean and variation of cycle time in semiconductor manufacturing plant. IEEE Trans. Semicond. Manuf. **7**(3), 374–388 (1994)
22. T.C. Chen, Y.C. Wang, Y.C. Lin, A fuzzy-neural system for scheduling a wafer fabrication factory. Int. J. Innov. Comput. Inform. Control **6**(2), 687–700 (2010)
23. A. Amindoust, S. Ahmed, A. Saghafinia, A. Bahreininejad, Sustainable supplier selection: a ranking model based on fuzzy inference system. Appl. Soft Comput. **12**(6), 1668–1677 (2012)
24. T. Madhusudan, J.L. Zhao, B. Marshall, A case-based reasoning framework for workflow model management. Data Knowl. Eng. **50**(1), 87–115 (2004)
25. A. González-Briones, J. Prieto, F. De La Prieta, E. Herrera-Viedma, J.M. Corchado, Energy optimization using a case-based reasoning strategy. Sensors **18**(3), 865 (2018)
26. J. Lim, M.J. Chae, Y. Yang, I.B. Park, J. Lee, J. Park, Fast scheduling of semiconductor manufacturing facilities using case-based reasoning. IEEE Trans. Semicond. Manuf. **29**(1), 22–32 (2015)
27. P.C. Chang, J.C. Hsieh, T.W. Liao, A case-based reasoning approach for due-date assignment in a wafer fabrication factory, in *International Conference on Case-Based Reasoning* (2001), S. 648–659
28. S. Shigeo, A.P. Dillon. *A Revolution in Manufacturing: The SMED System* (Routledge, 2019)
29. R.J. Kuo, L.M. Lin, Application of a hybrid of genetic algorithm and particle swarm optimization algorithm for order clustering. Decis. Support Syst. **49**(4), 451–462 (2010)
30. T. Chen, C.W. Lin, Smart and automation technologies for ensuring the long-term operation of a factory amid the COVID-19 pandemic: an evolving fuzzy assessment approach. Int. J. Adv. Manuf. Technol. **111**(11), 3545–3558 (2020)
31. H. Kurniawan, T.D. Sofianti, A.T. Pratama, P.I. Tanaya, Optimizing production scheduling using genetic algorithm in textile factory. J. Syst. Manage. Sci. **4**(4), 27–44 (2014)
32. Y.Y. Hong, P.S. Yo, Novel genetic algorithm-based energy management in a factory power system considering uncertain photovoltaic energies. Appl. Sci. **7**(5), 438 (2017)
33. T. Chen, Estimating unit cost using agent-based fuzzy collaborative intelligence approach with entropy-consensus. Appl. Soft Comput. **73**, 884–897 (2018)
34. T. Chen, Y.C. Lin, A fuzzy-neural system incorporating unequally important expert opinions for semiconductor yield forecasting. Internat. J. Uncertain. Fuzziness Knowl.-Based Syst. **16**(01), 35–58 (2008)
35. T.C.T. Chen, Y.C. Wang, Fuzzy dynamic-prioritization agent-based system for forecasting job cycle time in a wafer fabrication plant. Complex Intell. Syst. **7**(4), 2141–2154 (2021)
36. J. Wang, J. Zhang, X. Wang, Bilateral LSTM: a two-dimensional long short-term memory model with multiply memory units for short-term cycle time forecasting in re-entrant manufacturing systems. IEEE Trans. Indus. Inform. **14**(2), 748–758 (2017)
37. G. Montavon, W. Samek, K.R. Müller, Methods for interpreting and understanding deep neural networks. Digit Signal Process **73**, 1–15 (2018)
38. E. Alhoniemi, J. Hollmén, O. Simula, J. Vesanto, Process monitoring and modeling using the self-organizing map. Integr. Comput. Aided Eng. **6**(1), 3–14 (1999)
39. L.B. Fazlic, Z. Avdagic, I. Besic, GA-ANFIS expert system prototype for detection of tar content in the manufacturing process, in *2015 38th International Convention on Information and Communication Technology, Electronics and Microelectronics* (2015), S. 1194–1199
40. J. Moyne, J. Samantaray, M. Armacost, Big data capabilities applied to semiconductor manufacturing advanced process control. IEEE Trans. Semicond. Manuf. **29**(4), 283–291 (2016)
41. IBM Cloud Education, Convolutional neural networks (2020). https://www.ibm.com/cloud/learn/convolutional-neural-networks

42. B. Jones, I. Jenkinson, Z. Yang, J. Wang, The use of Bayesian network modelling for maintenance planning in a manufacturing industry. Reliab. Eng. Syst. Saf. **95**(3), 267–277 (2010)

43. J. Lee, J. Son, S. Zhou, Y. Chen, Variation source identification in manufacturing processes using Bayesian approach with sparse variance components prior. IEEE Trans. Autom. Sci. Eng. **17**(3), 1469–1485 (2020)

44. L. Yang, J. Lee, Bayesian Belief Network-based approach for diagnostics and prognostics of semiconductor manufacturing systems. Robot. Comput.-Integr. Manuf. **28**(1), 66–74 (2012)

45. T. Chen, A fuzzy-neural DBD approach for job scheduling in a wafer fabrication factory. Int. J. Innov. Comput. Inform. Control **8**(6), 4024–4044 (2012)

46. T. Chen, Y.C. Wang, H.C. Wu, A fuzzy-neural approach for remaining cycle time estimation in a semiconductor manufacturing factory—a simulation study. Int. J. Innov. Comput. Inform. Control **5**(8), 2125–2139 (2009)

47. T. Chen, Y.C. Wang, Y.C. Lin, A bi-criteria four-factor fluctuation smoothing rule for scheduling jobs in a wafer fabrication factory. Int. J. Innov. Comput. Inform. Control **6**(10), 4289–4304 (2009)

48. T.C.T. Chen, Fuzzy approach for production planning by using a three-dimensional printing-based ubiquitous manufacturing system. AI EDAM **33**(4), 458–468 (2019)

49. Y.C. Wang, M.C. Chiu, T. Chen, A fuzzy nonlinear programming approach for planning energy-efficient wafer fabrication factories. Appl. Soft Comput. **95**, 106506 (2020)

50. H. Kodama, A scheme for three-dimensional display by automatic fabrication of three-dimensional model. IEICE Trans. Electron. J. **64**-C(4), 237–241 (1981)

51. T.C.T. Chen, Y.C. Lin, A three-dimensional-printing-based agile and ubiquitous additive manufacturing system. Robot. Comput.-Integr. Manuf. **55**, 88–95 (2019)

52. A.H. Espera, J.R.C. Dizon, Q. Chen, R.C. Advincula, 3D-printing and advanced manufacturing for electronics. Prog. Addit. Manuf. **4**(3), 245–267 (2019)

53. Q. Ge, A.H. Sakhaei, H. Lee, C.K. Dunn, N.X. Fang, M.L. Dunn, Multimaterial 4D printing with tailorable shape memory polymers. Sci. Rep. **6**(1), 1–11 (2016)

54. T. Yiu, Understanding random forest (2019). https://towardsdatascience.com/understanding-random-forest-58381e0602d2

55. V.E. Sathishkumar, M. Lee, J. Lim, Y. Kim, C. Shin, J. Park, Y. Cho, An energy consumption prediction model for smart factory using data mining algorithms. KIPS Trans. Softw. Data Eng. **9**(5), 153–160 (2020)

56. K. Liu, X. Hu, H. Zhou, L. Tong, W.D. Widanage, J. Marco, Feature analyses and modeling of lithium-ion battery manufacturing based on random forest classification. IEEE/ASME Trans. Mechatron. **26**(6), 2944–2955 (2021)

57. M.L. George Sr, D.K. Blackwell, D. Rajan, *Lean Six Sigma in the Age of Artificial Intelligence: Harnessing the Power of the Fourth Industrial Revolution* (McGraw-Hill Education, 2019)

58. A. Susilawati, J. Tan, D. Bell, M. Sarwar, Fuzzy logic based method to measure degree of lean activity in manufacturing industry. J. Manuf. Syst. **34**, 1–11 (2015)

59. A. Popa, R. Ramos, A.B. Cover, C.G. Popa, Integration of artificial intelligence and lean sigma for large field production optimization: application to Kern River Field, in *SPE Annual Technical Conference and Exhibition* (2005)

60. K. Antosz, L. Pasko, A. Gola, The use of artificial intelligence methods to assess the effectiveness of lean maintenance concept implementation in manufacturing enterprises. Appl. Sci. **10**(21), 7922 (2020)

61. T. Küfner, T.H.J. Uhlemann, B. Ziegler, Lean data in manufacturing systems: using artificial intelligence for decentralized data reduction and information extraction. Procedia CIRP **72**, 219–224 (2018)

62. S. Vahabi Nejat, S. Avakh Darestani, M. Omidvari, M.A. Adibi, Evaluation of green lean production in textile industry: a hybrid fuzzy decision-making framework. Environ. Sci. Pollut. Res. **29**(8), 11590–11611 (2022)

63. A. Alinezhad, J. Khalili, COPRAS method. Internat. Ser. Oper. Res. Manage. Sci. **277**, 87–91 (2019)
64. G. Ante, F. Facchini, G. Mossa, S. Digiesi, Developing a key performance indicators tree for lean and smart production systems. IFAC-PapersOnLine **51**(11), 13–18 (2018)
65. E. Pourjavad, R.V. Mayorga, A comparative study and measuring performance of manufacturing systems with Mamdani fuzzy inference system. J. Intell. Manuf. **30**(3), 1085–1097 (2019)
66. M.A. Almomani, M. Aladeemy, A. Abdelhadi, A. Mumani, A proposed approach for setup time reduction through integrating conventional SMED method with multiple criteria decision-making techniques. Comput. Ind. Eng. **66**(2), 461–469 (2013)
67. K. Maniya, M.G. Bhatt, A selection of material using a novel type decision-making method: preference selection index method. Mater. Des. **31**(4), 1785–1789 (2010)

Kapitel 3
KI-Anwendungen im Kaizen-Management

3.1 Kaizen-Aktivitäten in der schlanken Produktion

Kaizen (oder Verbesserungs-) Aktivitäten sind der Kern der schlanken Produktion [1]. Die folgenden verwandten Themen werden in diesem Kapitel besprochen:

- **Schlankheit,** die das Ergebnis aller Kaizen-Aktivitäten ist.
- **5S,** einschließlich Kaizen-Aktivitäten zur Verbesserung der Arbeitsumgebung;
- **Vorausschauende Instandhaltung,** einschließlich Kaizen-Aktivitäten zur Verbesserung der Zuverlässigkeit (oder Verfügbarkeit) von Geräten.
- **Reduzierung der Zykluszeit,** die eine Hauptaufgabe bei der Verbesserung der Wertstromkarte (VSM) eines Produktionssystems ist.

Künstliche Intelligenz-Technologien, die für diese Themen anwendbar sind, werden vorgestellt.

3.2 Schlankheit eines Produktionssystems

Die Schlankheit eines Produktionssystems ist das Ergebnis aller Kaizen-Aktivitäten im Produktionssystem. Ein Produktionssystem ist vollständig schlank, wenn es keinen Abfall darin gibt. Das ist jedoch nicht leicht zu wissen. Aus diesem Grund wurden in der Literatur eine Reihe von Methoden vorgeschlagen, um die Schlankheit eines Produktionssystems zu bewerten [2]. Die gemeinsame Idee dieser Methoden ist, dass ein Produktionssystem hochgradig schlank sein sollte, wenn es bei vielen Kaizen-Aktivitäten gut abschneidet.

Zum Beispiel haben Vimal und Vinodh [3] die **fuzzy gewichtete Durchschnitt (FWA)** angewendet, um die Schlankheit eines Produktionssystems zu bewerten, bei dem 28 Kriterien berücksichtigt wurden. Die Leistungen des Produktionssystems bei der Optimierung dieser Kriterien wurden als unscharfe Zahlen modelliert, wie zum Beispiel dreieckige unscharfe Zahlen (TFNs) [4]. Eine TFN wird in Abb. 3.1 dargestellt, wo A_1 die wahrscheinlichste Zeit ist; A_2 und A_3 repräsentieren die kürzeste und längste Zeiten, jeweils. Solche Notation ist leicht zu verstehen und zu kommunizieren. Die Mitgliedschaftsfunktion von $\tilde{A}$ wird gegeben durch

$$\mu_{\tilde{A}}(x) = \max \left(\min \left(\frac{x - A_1}{A_2 - A_1}, \frac{x - A_3}{A_2 - A_3} \right), 0 \right) \tag{3.1}$$

Einige Rechenoperationen mit TFNs sind unten zusammengefasst [5].

- Fuzzy Addition:

$$(A_1, A_2, A_3)(+)(B_1, B_2, B_3) = (A_1 + B_1, A_2 + B_2, A_3 + B_3) \tag{3.2}$$

- Unscharfe Subtraktion:

$$(A_1, A_2, A_3)(-)(B_1, B_2, B_3) = (A_1 - B_3, A_2 - B_2, A_3 - B_1) \tag{3.3}$$

- Skalare Multiplikation:

$$k(A_1, A_2, A_3) = (kA_1, kA_2, kA_3) \quad \text{wenn } k \geq 0 \tag{3.4}$$

- Unscharfe Multiplikation:

$$(A_1, A_2, A_3)(\times)(B_1, B_2, B_3) \cong (A_1B_1, A_2B_2, A_3B_3) \quad \text{wenn } A_1, B_1 \geq 0 \tag{3.5}$$

- Unscharfe Division:

$$(A_1, A_2, A_3)(/)(B_1, B_2, B_3) \cong (A_1/B_3, A_2/B_2, A_3/B_1) \quad \text{wenn } A_1 \geq 0, B_1 > 0 \tag{3.6}$$

- Fuzzy Maximum:

$$\text{Max}((A_1, A_2, A_3), (B_1, B_2, B_3)) = (\text{Max}(A_1, B_1), \text{Max}(A_2, B_2), \text{Max}(A_3, B_3)) \tag{3.7}$$

Abb. 3.1 TFN

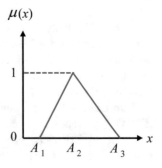

- Unscharfes Minimum:

$$Min((A_1, A_2, A_3), (B_1, B_2, B_3)) = (Min(A_1, B_1), Min(A_2, B_2), Min(A_3, B_3))$$
(3.8)

FWA bewertet die Schlankheit eines Fertigungssystems auf folgende Weise:

$$FWA(\text{Schlankheit}) - \frac{\sum_{i=1}^{n} (\tilde{w}_i(\times)\tilde{p}_i)}{\sum_{i=1}^{n} \tilde{w}_i}$$
(3.9)

wo $\tilde{p}_i$ die Leistung des Fertigungssystems bei der Optimierung des Kriteriums i ist; $\tilde{w}_i$ ist das Gewicht (oder die Priorität) dieses Kriteriums. Wenn $\sum \tilde{w}_i = 1$ oder die Schlankheit mehrerer Fertigungssysteme verglichen werden sollen, kann Gl. (3.9) vereinfacht werden als

$$FWA(\text{Leanness}) = \sum_{i=1}^{n} (\tilde{w}_i(\times)\tilde{p}_i)$$
(3.10)

Beispiel 3.1 Die Leistungen eines Fertigungssystems bei der Optimierung mehrerer Kriterien [3] (dargestellt in Abb. 3.2) sind in Tab. 3.1. Die Gewichte dieser Kriterien sind ebenfalls in dieser Tabelle angegeben. Dann kann die Schlankheit des Produktionssystems wie folgt bewertet werden

Abb. 3.2 Schlankheit eines Fertigungssystems

Tab. 3.1 Leistungen eines Fertigungssystems bei der Optimierung mehrerer Kriterien

Kriterium	Leistung	Gewicht
Managementverantwortung	(3,5, 4, 4,5)	(0.2, 0.25, 0.3)
Schlankheit des Fertigungsmanagements	(2,8, 3,2, 3,7)	(0,1, 0,15, 0,2)
Schlankheit der Belegschaft	(4,1, 4,5, 4,7)	(0,35, 0,4, 0,45)
Technologische Schlankheit	(3,3, 3,6, 4,0)	(0,1, 0,15, 0,2)
Schlankheit der Fertigungsstrategie	(2,4, 2,7, 3,1)	(0, 0,05, 0,1)

FWA(Schlankheit)

$= (3,5, \ 4, \ 4,5)(\times)(0,2, \ 0,25, \ 0,3)(+)(2,8, \ 3,2, \ 3,7)(\times)(0,1, \ 0,15, \ 0,2)$

$(+)(4,1, \ 4,5, \ 4,7)(\times)(0,35, \ 0,4, \ 0,45)(+)(3,3, \ 3,6, \ 4,0)(\times)(0,1, \ 0,15, \ 0,2)$

$(+)(2,4, \ 2,7, \ 3,1)(\times)(0, \ 0,05, \ 0,1)$

$= (0,7, \ 1, \ 1,35)(+)(0,28, \ 0,48, \ 0,74)(+)(1,435, \ 1,8, \ 2,115)(+)(0,33, \ 0,54, \ 0,8)$

$(+)(0, \ 0,135, \ 0,31)$

$= (2,745, \ 3,955, \ 5,315)$

Das Fertigungssystem sollte die bewertete Schlankheit mit denen anderer Fertigungssysteme vergleichen oder überwachen, ob es sich weiter verbessert.

Das Bewertungsergebnis kann in einen einzigen (d. h., klaren) Wert umgewandelt werden, indem Defuzzifizierung verwendet wird. Zu diesem Zweck wird häufig die Methode des Schwerpunkts (COG) angewendet [6]:

$$COG(\tilde{A}) = \frac{\int\limits_{x} x\mu_{\tilde{A}}(x)dx}{\int\limits_{x} \mu_{\tilde{A}}(x)dx} \qquad (3.11)$$

Der folgende Satz erleichtert die Berechnung von Gl. (3.11).

Satz 3.1 *Der COG-Wert eines TFN* $\tilde{A} = (A_1, \ A_2, \ A_3)$ *kann berechnet werden als* [6]

$$COG(\tilde{A}) = \frac{A_1 + A_2 + A_3}{3} \qquad (3.12)$$

Im vorherigen Beispiel wird der COG der bewerteten Magerkeit berechnet als

$$COG(FWA(\text{Magerkeit}))$$
$$= \frac{2,745 + \ 3,955 + \ 5,315}{3}$$
$$= 4,005$$

Andere Arten von unscharfen Zahlen, wie trapezförmige unscharfe Zahlen, verallgemeinerte Glocken unscharfe Zahlen, Gaußsche unscharfe Zahlen sind ebenfalls anwendbar.

3.3 AI-Anwendungen auf 5S

5S betont, dass Menschen es tun sollen [7]. Im Gegensatz dazu verwendet AI Computer, um Aufgaben im Namen von Menschen auszuführen. Daher ist es eine interessante Frage, ob es Raum für die Anwendung von AI auf 5S gibt.

Randhawa und Ahuja [8] haben ein **unscharfes Inferenzsystem (FIS)** erstellt, um den Erfolg der 5S-Implementierung zu bewerten. Die Eingangsvariablen dieses FIS waren die Leistungen bei der Durchführung einer Reihe von 5S-Aktivitäten, und die Ausgabe war der Erfolgsgrad der 5S-Implementierung.

Ein FIS besteht aus mehreren unscharfen Inferenzregeln. Ein Beispiel wird wie folgt gegeben:

Regel 1:   Wenn „Werkzeuge werden an feste Positionen zurückgebracht" ist „sehr häufig" Und „Werkstattboden ist gründlich gereinigt" ist „sehr häufig" Dann ist „Erfolg der 5S-Implementierung" „hoch".

Diese unscharfe Inferenzregel hat zwei Prämissen, die den beiden Variablen „Werkzeuge werden an feste Positionen zurückgebracht" und „Werkstattboden ist gründlich gereinigt" entsprechen, und eine Konsequenz „Erfolg der 5S-Implementierung". Alle haben sprachliche Werte, wie {„sehr selten", „selten", „mäßig", „häufig", „sehr häufig"} und {„sehr niedrig", „niedrig", „mittel", „hoch", „sehr hoch"}. Unscharfe Inferenzregeln sind leicht zu verstehen und zu kommunizieren, was sie für schlanke Produktionssysteme geeignet macht. Die Aufstellung von unscharfen Inferenzregeln kann auf den subjektiven Erfahrungen von Experten oder auf der Auswertung historischer Daten beruhen.

Das Verfahren zur Erstellung eines FIS wird in Abb. 3.3 dargestellt.

Abb. 3.3 Verfahren zur Erstellung eines FIS

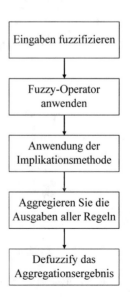

Sprachliche Werte können auf TFNs abgebildet werden, indem der Bereich jeder Variable in eine Reihe von TFNs unterteilt wird, die sich überlappen, wie in Abb. 3.4 dargestellt.

Die unscharfe Inferenzregel wird mit den entsprechenden TFNs in Abb. 3.5 dargestellt.

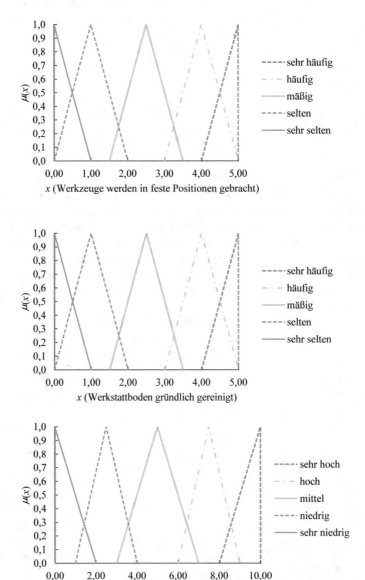

Abb. 3.4 Ergebnisse der unscharfen Partitionierung

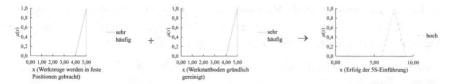

Abb. 3.5 Eine unscharfe Inferenzregel

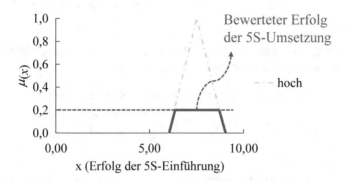

Abb. 3.6 Ergebnis der Anwendung der unscharfen Inferenzregel

Beispiel 3.2 Der Produktionsleiter eines schlanken Fertigungssystems bewertete die Leistungen bei der Durchführung von 5S-Aktivitäten mit Werten innerhalb von [0, 5] als

„Werkzeuge werden an festgelegte Positionen zurückgebracht" $= 4.2$
„Die Werkstatt wird gründlich gereinigt" $= 4.7$

Diese werden mit der unscharfen Inferenzregel in Abb. 3.5 verglichen. Die Mitgliedschaften der Bewertungen in den TFNs werden wie folgt abgeleitet

$$\mu_{\text{sehr häufig}}(4.2) = \frac{4{,}2 - 4}{5 - 4} = 0{,}2$$

$$\mu_{\text{sehr häufig}}(4.7) = \frac{4{,}7 - 4}{5 - 4} = 0{,}7$$

Ein „und"-Operator wird verwendet, um die beiden Prämissen zu kombinieren. Daher wird das Minimum ihrer Mitgliedschaften als min(0,2, 0,7) = 0,2 berechnet, das verwendet wird, um die Konsequenz zu kürzen, wie in Abb. 3.6 dargestellt. Als Ergebnis ist der bewertete Erfolg der 5S-Implementierung eine trapezförmige unscharfe Zahl (TrFN) [9]. Ein FIS, das auf diese Weise arbeitet, wird als Mamdani FIS bezeichnet [10].

Das Schätzergebnis unter Verwendung der unscharfen Inferenzregel kann in einen einzigen (d. h. scharfen) Wert umgewandelt werden, indem Defuzzifizierung verwendet wird. Zu diesem Zweck ist der folgende Satz hilfreich.

Satz 3.2 *Der COG-Wert des in* Abb. 3.7 *dargestellten TrFN kann wie folgt berechnet werden* [11]

$$COG(\tilde{A}) = \frac{1}{3}\left(A_1 + A_2 + A_3 + A_4 - \frac{A_3A_4 - A_1A_2}{(A_3 + A_4) - (A_1 + A_2)}\right) \quad (3.13)$$

Im vorherigen Beispiel kann der COG des bewerteten Erfolgs der 5S-Implementierung wie folgt abgeleitet werden

$$COG(\text{Bewerteter Erfolg der 5S-Implementierung})$$
$$= \frac{1}{3}\left(6 + 6,3 + 8,7 + 9 - \frac{8,7 \cdot 9 - 6 \cdot 6,3}{(8,7 + 9) - (6 + 6,3)}\right)$$
$$= 7,5$$

Wenn mehrere unscharfe Inferenzregeln auf die gesammelten Daten angewendet werden, werden ihre Ergebnisse vor der Entschärfung in einem Mamdani FIS-System [12] mit Hilfe der unscharfen Vereinigung (FU) aggregiert, wie in Abb. 3.8 dargestellt:

$$\mu_{FU(\tilde{A}_i)}(x) = \max_i(\mu_{\tilde{A}_i}(x)) \quad (3.14)$$

Das Aggregationsergebnis ist eine polygonale unscharfe Zahl [13], die nicht leicht zu entschärfen ist. Um diese Schwierigkeit zu bewältigen, sind die folgenden Theoreme hilfreich.

Satz 3.3 *Das Integral der in* Abb. 3.9 *dargestellten TrFN kann berechnet werden als* [14]

$$\int_{x_1}^{x_2} \mu_{\tilde{A}(x)}(x)dx = \frac{\mu_2 x_2^2 + \mu_1 x_2^2 - 2\mu_2 x_1 x_2 + \mu_1 x_1^2 - 2\mu_1 x_1 x_2 + \mu_2 x_1^2}{2(x_2 - x_1)} \quad (3.15)$$

Abb. 3.7 Ein TrFN

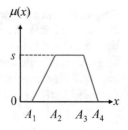

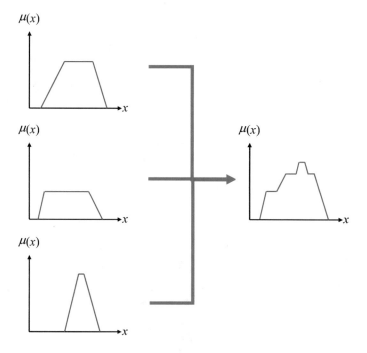

Abb. 3.8 Aggregation der Ergebnisse mehrerer unscharfer Inferenzregeln

Abb. 3.9 Eine nicht-normale TrFN

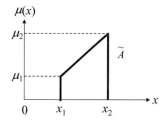

Satz 3.4 [14]

$$\int_{x_1}^{x_2} x\mu_{\tilde{A}(x)}(x)dx = \frac{2\mu_2 x_2^3 + \mu_1 x_2^3 - 3\mu_2 x_1 x_2^2 + \mu_2 x_1^3 + 2\mu_1 x_1^3 - 3\mu_1 x_1^2 x_2}{6(x_2 - x_1)} \quad (3.16)$$

Das Aggregationsergebnis kann in mehrere Teile unterteilt werden, wie in Abb. 3.10 dargestellt. Jeder Teil ähnelt dem TrFN in Abb. 3.9. Dann können die Theoreme 3.3 und 3.4 angewendet werden, um den COG des Aggregationsergebnisses zu berechnen.

Abb. 3.10 Teilung der Aggregationsergebnisse in TrFNs

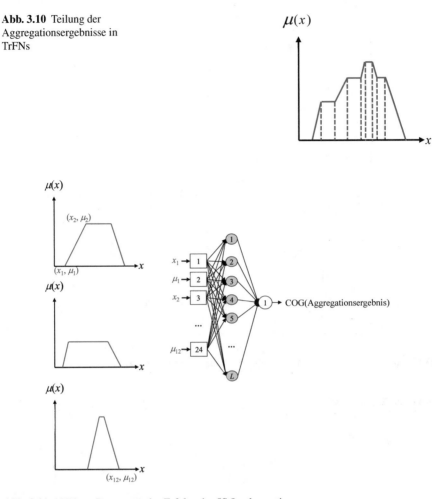

Abb. 3.11 ANN zur Bewertung des Erfolgs der 5S-Implementierung

Um die Berechnung weiter zu erleichtern, kann ein künstliches neuronales Netzwerk (ANN) [3] konstruiert werden, um den COG des Aggregationsergebnisses zu schätzen, um so den Erfolg der 5S-Implementierung zu bewerten. Eingaben in das ANN sind die Ergebnisse (d. h., die Werte und Mitgliedschaften ihrer Endpunkte) aller unscharfen Inferenzregeln, und die Ausgabe ist der geschätzte COG des Aggregationsergebnisses (d. h., der bewertete Erfolg der 5S-Implementierung), wie in Abb. 3.11 dargestellt.

Bestehende FISs können in drei Kategorien eingeteilt werden:

- Tsukamoto FISs: In einem Tsukamoto FIS wird die Mitgliedschaft der Konsequenz in einer unscharfen Inferenzregel auf das Zufriedenheitsniveau der Prämissen gesetzt. Auf diese Weise wird die Ausgabe abgeleitet. Zum Beispiel wird in Beispiel 3.2 die Ausgabe aus der unscharfen Inferenzregel 6.3 (ein pessimistischer Wert) oder 8.7 (ein optimistischer Wert) sein, wenn das FIS vom Tsukamoto-Typ ist, wie in Abb. 3.12 gezeigt.

Anschließend wird die gewichtete Summe der Ausgaben aller Regeln als end-gültiges Ergebnis berechnet, wobei das Gewicht einer Regel gleich ihrem Zufriedenheitsgrad ist.

- Mamdani FISs: Das oben eingeführte FIS ist ein Mamdani FIS.
- Sugeno FISs: In einem Sugeno FIS ist die Ausgabe aus einer unscharfen Inferenzregel eine lineare Funktion der Eingaben. Zum Beispiel ist in Beispiel 3.2 die Ausgabe aus der unscharfen Inferenzregel

  1,4 · „Werkzeuge werden an festgelegte Positionen zurückgebracht" + 0,6 · „die Werkstatt wird gründlich gereinigt"
  $= 1,4 \cdot 4,2 + 0,6 \cdot 4,7$
  $= 8,7$

Anschließend wird die gewichtete Summe der Ausgaben aller Regeln als end-gültiges Ergebnis berechnet, wobei das Gewicht einer Regel gleich ihrem Zufriedenheitsgrad ist.

3.4   AI-Anwendungen zur vorausschauenden Wartung

Vorausschauende Wartung ist zweifellos eine kritische Verbesserungs- (oder Kaizen-) Aktivität in der schlanken Fertigung. **Vorausschauende Wartung** verwendet typischerweise Sensoren, um die Zustände einer Maschine in ver-schiedenen Aspekten zu überwachen [15]. Die Beziehung zwischen diesen Zuständen und der Zeit bis zum nächsten Maschinenausfall wird dann angepasst. Das Anpassungsergebnis ist möglicherweise keine einzelne Funktion, sondern wird eher als Wissen dargestellt. Zu diesem Zweck ist **Wissensrepräsentation und -schlussfolgerung (KRR)** hilfreich. KRR ist ein Bereich der KI, der

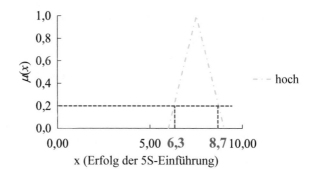

Abb. 3.12 Ausgabe der unscharfen Inferenzregel (Tsukamoto FIS)

Informationen über die Welt in einer Form darstellt, die ein Computersystem lernen kann, um komplexe Aufgaben zu lösen [16]. Basierend auf solchem Wissen können Maßnahmen formuliert werden, um die Ursachen von vorzeitigen Maschinenausfällen zu beseitigen, wodurch die Verfügbarkeit und Zuverlässigkeit der Maschine erhöht wird.

Ein **FIS** kann auch erstellt werden, um das Wissen zu organisieren, das aus einer vorausschauenden Wartungsanwendung generiert wurde [3]. Ein solches FIS besteht aus unscharfen Inferenzregeln wie

Regel 1: Wenn die „Maschinentemperatur" „sehr hoch" ist und der „Geräuschpegel" „hoch" ist, dann ist die „Zeit bis zum nächsten Ausfall" „sehr kurz".

Regel 2: Wenn die „Maschinentemperatur" „niedrig" ist oder der „Geräuschpegel" „niedrig" ist, dann ist die „Zeit bis zum nächsten Ausfall" „mittel".

Regel 3: Wenn der „Geräuschpegel" „sehr hoch" ist, dann ist die „Zeit bis zum nächsten Ausfall" „kurz".

Wenn der Operator „oder" verwendet wird, um die Prämissen zu kombinieren, wird das Maximum ihrer Mitgliedschaften berechnet [17]. Neben der Vorhersage der Zeit bis zum nächsten Ausfall einer Maschine kann ein FIS-System auch die Auswirkung einer Verbesserungs- (oder Kaizen-) Aktivität auf die Verschiebung des nächsten Ausfalls messen.

Beispiel 3.3 Ein Mamdani FIS [10] wird erstellt, um den nächsten Ausfall einer Maschine basierend auf den Überwachungsergebnissen von Temperatur- und Geräuschsensoren vorherzusagen. Zuerst werden die Variablen im FIS unscharf partitioniert. Die Partitionierungsergebnisse sind in Abb. 3.13 dargestellt.

Die Fuzzy-Logic-Toolbox von MATLAB 2021a wird verwendet, um das FIS-System zu erstellen, wie in Abb. 3.14 dargestellt.

Gemäß den Überwachungsergebnissen beträgt die Maschinentemperatur 93 °C und der Geräuschpegel 67 dB. Nach Anwendung des FIS beträgt die geschätzte Zeit bis zum nächsten Ausfall 220 h, wie in Abb. 3.15 dargestellt.

Beispiel 3.4 Ein Kaizen-Plan besteht darin, die Maschinentemperatur auf unter 90 °C zu senken und den Geräuschpegel auf weniger als 60 dB zu reduzieren. Kann die Zeit bis zum nächsten Ausfall verschoben werden?

Das FIS wird angewendet, um die Zeit bis zum nächsten Ausfall anhand des Kaizen-Plans zu schätzen. Als Ergebnis wird die Zeit bis zum nächsten Ausfall auf 240 Stunden geschätzt, wie in Abb. 3.16 dargestellt. Daher ist der Kaizen-Plan praktikabel. Ein solcher Kaizen-Plan, basierend auf den Überwachungsergebnissen von Sensoren, hilft, **vorschreibende Wartung** zu erreichen, nicht nur vorhersagende Wartung, weil er die Produktionsbedingungen anpasst, anstatt den periodischen Wartungsplan der Maschine.

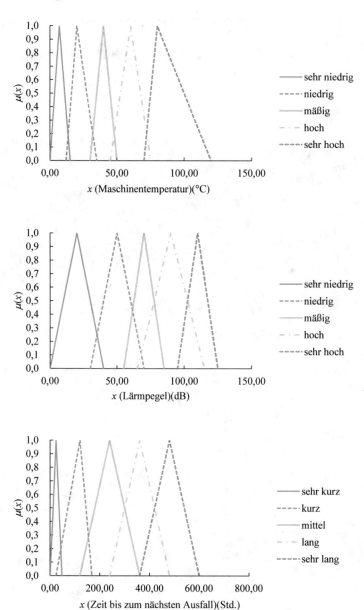

Abb. 3.13 Partitionierungsergebnisse unscharfer Variablen

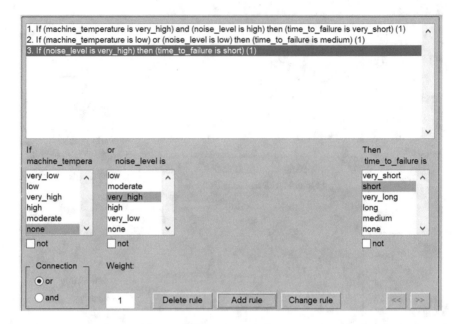

Abb. 3.14 FIS erstellt mit MATLAB 2021a

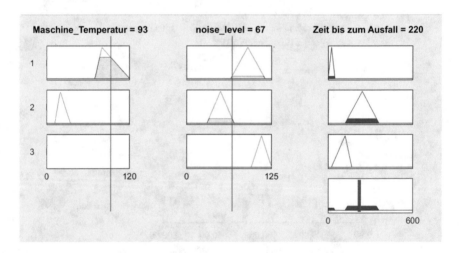

Abb. 3.15 Schätzergebnis mit dem FIS

Für das vorherige Beispiel wird eine Antwortoberflächenplot in Abb. 3.17 gezeichnet, die zeigt, dass

- Die Beziehung zwischen der Maschinentemperatur und dem Geräuschpegel und der Zeit bis zum nächsten Ausfall ist komplex.
- Es ist möglich, die Zeit bis zum nächsten Ausfall auf 300 Stunden zu verschieben.
- Umgekehrt kann die Zeit bis zum nächsten Ausfall kürzer als 50 Stunden sein.

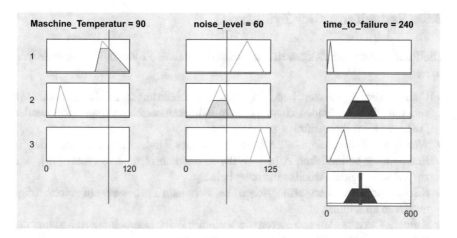

Abb. 3.16 Kaizen-Ergebnis

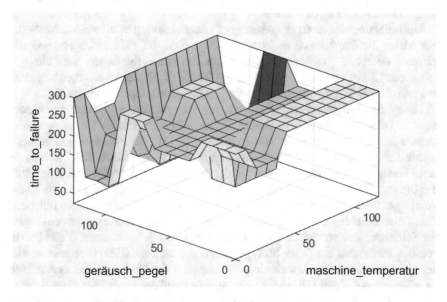

Abb. 3.17 Antwortoberflächenplot

3.5 Reduzierung der Zykluszeit

Die Reduzierung der Zykluszeit zur Herstellung eines Produkts hat folgende Vorteile:

- Eine kürzere Zykluszeit bedeutet schnellere Lieferungen an die Kunden. Mit anderen Worten, Kunden können nähere Fälligkeitstermine versprochen werden [18], was hilft, ihre Aufträge zu gewinnen.
- Wenn die Zykluszeiten aller Produkte kürzer sind, wird der Grad der in Bearbeitung befindlichen Arbeit (WIP) in der Fabrik niedriger sein [19], was zur Verwaltung der Arbeitsumgebung beiträgt.
- Kürzere Zykluszeiten ermöglichen es der Fabrik, besser auf Notaufträge reagieren zu können.
- Kürzere Zykluszeiten reduzieren die Variabilität der Bearbeitungszeiten und der Produktqualität, die im Produktionsprozess auftreten.

Daher ist die Verkürzung der Zykluszeit eines Produkts das Ziel jedes Fertigungssystems, insbesondere eines schlanken Fertigungssystems. Es gibt mehrere Möglichkeiten, dies zu erreichen.

Optimierung der Auftragsplanung ist die am häufigsten diskutierte Methode. Für kleine Fertigungssysteme können einige einfache Planungsregeln wie die kürzeste Bearbeitungszeit zuerst (SPT), die kürzeste verbleibende Bearbeitungszeit zuerst (SRPT) und die gewichtete SPT (WSPT) die durchschnittliche Zykluszeit und die gewichtete durchschnittliche Zykluszeit effektiv reduzieren [20].

Für große Fertigungssysteme müssen komplexere Planungsregeln angewendet werden. Diese Planungsregeln können Parameter haben, die im Voraus geschätzt werden müssen. Zum Beispiel schlugen Lu et al. [21] die Fluktuation Glättungspolitik für die durchschnittliche Zykluszeit (FSMCT) für die Auftragsplanung in einer Wafer-Fabrik (Wafer fab) vor, bei der die verbleibende Zykluszeit eines Auftrags (d. h., die Zeit von einem Zwischenschritt bis zum Ende der Produktion) im Voraus geschätzt werden muss. Zu diesem Zweck sind AI-Technologien hilfreich. Zum Beispiel schlug Chen [22] einen post-klassifizierenden fuzzy-neuralen Ansatz zur Schätzung der verbleibenden Zykluszeit eines Auftrags in einer Wafer-Fabrik vor, bei dem zuerst ein fuzzy back propagation Netzwerk (FBPN) erstellt wurde, um die verbleibende Zykluszeit eines Auftrags auf der Grundlage seiner Attribute zu schätzen. Anschließend wurden die Aufträge auf der Grundlage ihrer Schätzfehler in Cluster eingeteilt. Für jeden Cluster wurde dann ein FBPN erstellt, um die verbleibenden Zykluszeiten der Aufträge im Cluster zu schätzen.

Eine andere Möglichkeit, Aufträge in einem komplexen Fertigungssystem zu planen, besteht darin, das Planungsproblem als mathematisches Programmierungsmodell zu formulieren. Zum Beispiel schlugen Grigoriev und Uetz [23] ein nichtlineares Programmierungsmodell (NLP) zur Planung von Aufträgen in einem Fertigungssystem vor, bei dem die Bearbeitungszeit eines Auftrags von der Anzahl der an dem Auftrag beteiligten Arbeiter abhängt: Je mehr Arbeiter eingesetzt werden, desto kürzer ist die Bearbeitungszeit. Die Zielfunktion war die Minimierung der Gesamtbearbeitungszeit, d. h., der längsten Zykluszeit.

Manchmal sind solche mathematischen Programmierungsprobleme nicht einfach zu lösen. Um diese Schwierigkeit zu überwinden, kann eine evolutionäre Berechnungsmethode, wie z. B. genetischer Algorithmus (GA) [24], Ameisenkolonie-Optimierung [25], Partikelschwarm-Optimierung (PSO) [26], usw., angewendet werden, um die globale optimale Lösung zu suchen.

Pull-Produktion ist eine beliebte Technik in der schlanken Fertigung zur Planung von Arbeitsvorgängen, bei der ein Auftrag nur dann zur nächsten Arbeitsstation gezogen wird, wenn die Arbeitsstation verfügbar ist, wodurch die Wartezeit eliminiert und somit die Zykluszeit reduziert wird [27].

Es ist nicht ungewöhnlich, dass die Bearbeitungszeit eines Schritts unsicher ist, insbesondere für Schritte, die einen menschlichen Bediener erfordern, um die Maschine zu bedienen. In diesem Fall kann die Bearbeitungszeit als unscharfe Zahl modelliert werden, und **unscharfe Arithmetik** [5] wird angewendet, um die für die Pull-Produktion erforderlichen Berechnungen durchzuführen.

Die Implementierung der Pull-Produktion wird sehr herausfordernd, wenn es viele Produkte mit unterschiedlichen Bearbeitungszeiten in jedem Schritt gibt. Diese Herausforderung kann durch Formulierung des Planungsproblems als mathematisches Programmierungsmodell bewältigt werden [28].

Eine andere Methode ist durch **Losgrößenbildung,** d. h., Reduzierung der Größe eines Auftrags (oder Batch), was auch eine der oft in der schlanken Fertigung erwähnten Methoden ist [29]. Theoretisch können kleinere Aufträge schneller fließen, was zu kürzeren Zykluszeiten führt. Allerdings bedeuten kleinere Aufträge mehr Aufträge, die möglicherweise häufigeren Transport und Maschineneinrichtungen erfordern. Diese können viel Kapazität verschwenden. In der Literatur wurden verschiedene AI-Techniken angewendet, um die optimale Größe eines Auftrags zu bestimmen.

Literatur

1. S. Al Smadi, Kaizen strategy and the drive for competitiveness: challenges and opportunities. Compet. Rev. Int. Bus. J. **19**(3), 203–211 (2009)
2. A. Susilawati, J. Tan, D. Bell, M. Sarwar, Fuzzy logic based method to measure degree of lean activity in manufacturing industry. J. Manuf. Syst. **34**, 1–11 (2015)
3. K.E.K. Vimal, S. Vinodh, Application of artificial neural network for fuzzy logic based leanness assessment. J. Manuf. Technol. Manag. **24**(2), 274–292 (2013)
4. E. Akyar, H. Akyar, S.A. Düzce, A new method for ranking triangular fuzzy numbers. Int. J. Uncertain. Fuzziness Knowl-Based Syst. **20**(05), 729–740 (2012)
5. M. Hanss, *Applied Fuzzy Arithmetic* (Springer-Verlag, 2005)
6. E. Van Broekhoven, B. De Baets, Fast and accurate center of gravity defuzzification of fuzzy system outputs defined on trapezoidal fuzzy partitions. Fuzzy Sets Syst. **157**(7), 904–918 (2006)
7. J. Michalska, D. Szewieczek, The 5S methodology as a tool for improving the organization. J. Achiev. Mater. Manuf. Eng. **24**(2), 211–214 (2007)
8. J.S. Randhawa, I.S. Ahuja, An approach for justification of success 5S program in manufacturing organisations using fuzzy-based simulation model. Int. J. Prod. Qual. Manag. **25**(3), 331–348 (2018)

9. S. Abbasbandy, T. Hajjari, A new approach for ranking of trapezoidal fuzzy numbers. Comput. Math. Appl. **57**(3), 413–419 (2009)

10. E. Pourjavad, R.V. Mayorga, A comparative study and measuring performance of manufacturing systems with Mamdani fuzzy inference system. J. Intell. Manuf. **30**(3), 1085–1097 (2019)

11. T. Allahviranloo, R. Saneifard, Defuzzification method for ranking fuzzy numbers based on center of gravity. Iran. J. Fuzzy Syst. **9**(6), 57–67 (2012)

12. H. Shakouri, R. Nadimi, S.F. Ghaderi, Investigation on objective function and assessment rule in fuzzy regressions based on equality possibility, fuzzy union and intersection concepts. Comput. Ind. Eng. **110**, 207–215 (2017)

13. T. Chen, Y.C. Lin, A fuzzy-neural system incorporating unequally important expert opinions for semiconductor yield forecasting. Int. J. Uncertain. Fuzziness Knowl-Based Syst. **16**(01), 35–58 (2008)

14. H.C. Wu, T. Chen, C.H. Huang, A piecewise linear FGM approach for efficient and accurate FAHP analysis: smart backpack design as an example. Mathematics **8**(8), 1319 (2020)

15. T. Hafeez, L. Xu, G. Mcardle, Edge intelligence for data handling and predictive maintenance in IIOT. IEEE Access **9**, 49355–49371 (2021)

16. X. Chen, S. Jia, Y. Xiang, A review: knowledge reasoning over knowledge graph. Expert Syst. Appl. **141**, 112948 (2020)

17. C. Kahraman, D. Ruan, I. Doğan, Fuzzy group decision-making for facility location selection. Inf. Sci. **157**, 135–153 (2003)

18. P.C. Chang, J.C. Hsieh, T.W. Liao, A case-based reasoning approach for due-date assignment in a wafer fabrication factory, in *International Conference on Case-Based Reasoning* (2001), pp. 648–659.

19. J.D. Little, OR FORUM—Little's Law as viewed on its 50th anniversary. Oper. Res. **59**(3), 536–549 (2011)

20. M.L. Pinedo, *Scheduling: Theory, Algorithms, and Systems* (Springer, 2012)

21. S.C. Lu, D. Ramaswamy, P.R. Kumar, Efficient scheduling policies to reduce mean and variance of cycle-time in semiconductor manufacturing plants. IEEE Trans. Semicond. Manuf. **1**(3), 374–385 (1998)

22. T. Chen, Job remaining cycle time estimation with a post-classifying fuzzy-neural approach in a wafer fabrication plant: A simulation study. Proc. Inst. Mech. Eng. Part B J. Eng. Manuf. **223**(8), 1021–1031 (2009)

23. A. Grigoriev, M. Uetz, Scheduling jobs with time-resource tradeoff via nonlinear programming. Discret. Optim. **6**(4), 414–419 (2009)

24. F. Pezzella, G. Morganti, G. Ciaschetti, A genetic algorithm for the flexible job-shop scheduling problem. Comput. Oper. Res. **35**(10), 3202–3212 (2008)

25. C. Blum, M. Sampels, An ant colony optimization algorithm for shop scheduling problems. J. Math. Model. Algorithms **3**(3), 285–308 (2004)

26. C.J. Liao, C.T. Tseng, P. Luarn, A discrete version of particle swarm optimization for flowshop scheduling problems. Comput. Oper. Res. **34**(10), 3099–3111 (2007)

27. X.A. Koufteros, Testing a model of pull production: a paradigm for manufacturing research using structural equation modeling. J. Oper. Manag. **17**(4), 467–488 (1999)

28. N. Watanabe, S. Hiraki, A mathematical programming model for a pull type ordering system including lot production processes. Int. J. Oper. Prod. Manag. **15**(9), 44–58 (1995)

29. F. Zhou, P. Ma, Y. He, S. Pratap, P. Yu, B. Yang, Lean production of ship-pipe parts based on lot-sizing optimization and PFB control strategy. Kybernetes **50**(5), 1483–1505 (2020)

Kapitel 4
KI-Anwendungen in Pull-Produktion, JIT und Produktionsnivellierung

4.1 Einführung

In einem schlanken Fertigungssystem, um das Inventar an fertigen Produkten (oder in Bearbeitung, WIP) zu reduzieren, sind **Pull-Produktion** und **Just-in-Time (JIT)** zwei wichtige Techniken. Pull-Produktion bedeutet, einen Auftrag von einer vorgelagerten Arbeitsstation zur Bearbeitung nur dann abzuziehen, wenn eine nachgelagerte Arbeitsstation kurz davor ist, untätig zu werden [1]. JIT bedeutet, Produkte (oder WIP) an Kunden (oder nachgelagerte Arbeitsstationen) genau dann zu senden, wenn sie diese benötigen [2]. Pull-Produktion ist zweifellos ein Schlüsselweg, um JIT zu erreichen. Allerdings können die folgenden Probleme die Implementierung von JIT behindern:

- **Unausgeglichene Arbeitsstationskapazität:** Wenn einige Arbeitsstationen die Taktzeit nicht einhalten können, wird es schwierig sein, die Bestellung rechtzeitig zu liefern.
- **Produktqualitätsprobleme:** Wenn Produkte wahrscheinlich von schlechter Qualität sind, müssen sie nachgearbeitet werden, oder es müssen mehr Produkte hergestellt werden, um den Mangel auszugleichen, was die Lieferung der Bestellung verzögert.
- **Instabile Verarbeitung:** Wenn die Verarbeitungszeit jeder Arbeitsstation instabil ist, ist es schwierig, die endgültige Fertigstellungszeit zur Erreichung von JIT zu kontrollieren.

wie in Abb. 4.1 dargestellt.

Abb. 4.1 Faktoren, die zu
JIT beitragen

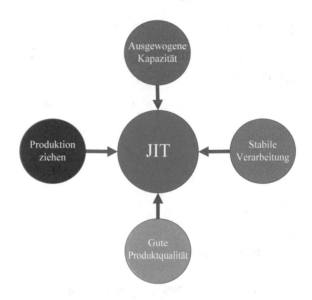

4.2   AI-Anwendungen für Pull-Produktion

4.2.1   Fuzzy-Logik für Pull-Produktion unter Unsicherheit

Die Operation an einer Arbeitsstation wird normalerweise gemeinsam vom
Bediener und der Maschine abgeschlossen, daher ist die Verarbeitungszeit
unsicher. Um eine solche Unsicherheit zu modellieren, sind traditionelle Wahr-
scheinlichkeitsstatistiken möglicherweise nicht einfach zu verwenden, da viele
Annahmen erfüllt sein müssen. Im Gegensatz dazu ist die **Fuzzy-Logik** [3]
bequemer anzuwenden. Zum Beispiel kann die Verarbeitungszeit an einer Arbeitsstation durch eine dreieckige Fuzzy-Zahl (TFN) [4] approximiert werden, die in
Kap. 3 eingeführt wurde.

Beispiel 4.1 Pull-Produktion [1, 5] ist ein typischer Produktionskontrollmodus
der schlanken Fertigung. Abb. 4.2 zeigt ein einfaches Pull-Produktionssystem von
zwei Arbeitsstationen. Die Verarbeitungszeit an jeder Arbeitsstation wird durch
eine TFN approximiert. Wenn 10 Einheiten von Produkten um 18:00 Uhr geliefert
werden sollen, werden die Start- und Fertigstellungszeiten der Operation an jeder
Arbeitsstation wie folgt mit der Fuzzy-Arithmetik berechnet:

(Arbeitsstation #2)

Fertigstellungszeit $= 18{:}00$

Startzeit $= 18{:}00 - 10 \cdot (15, 22, 30) = 18{:}00 - (150, 220, 300) = (13{:}00,$
$14{:}20, 15{:}30)$

Die Startzeit an der Arbeitsstation #2 kann als Fälligkeitsdatum an der Arbeitsstation #1 betrachtet werden.

Abb. 4.2 Ein einfaches Pull-
Produktionssystem von zwei
Arbeitsstationen

Bearbeitungszeit   (5, 7, 10)   (15, 22, 30)

Tab. 4.1 Unscharfer
Produktionsplan für
Beispiel 4.1

Startzeit	Fertigstellungszeit	Arbeitsstation
(11:20, 13:10, 14:40)	(13:00, 14:20, 15:30)	#1
(13:00, 14:20, 15:30)	18:00	#2

Tab. 4.2 Daten von drei
Aufträgen

Auftrag #	Menge	Fälligkeitsdatum
1	2	18:00
2	1	19:30
3	5	17:50

(Arbeitsstation #1)

Fertigstellungszeit = (13:00, 14:20, 15:30) (d. h., die Startzeit an der Arbeitsstation #2)

Startzeit = (13:00, 14:20, 15:30) (–) 10 · (5, 7, 10) = (13:00, 14:20, 15:30) (–)
(50, 70, 100) = (11:20, 13:10, 14:40)

Wenn die Arbeitsstation #1 die Produktion vor 11:20 Uhr startet, werden die
Produkte zu früh hergestellt, was zu unnötigem Lagerbestand führt; andererseits,
wenn die Arbeitsstation die Produktion nach 14:40 Uhr startet, wird es zu spät für
die rechtzeitige Lieferung sein. Der unscharfe Produktionsplan ist in Tab. 4.1 dargestellt.

Im Falle mehrerer Aufträge können diese Aufträge nach ihren Fälligkeitsdaten angeordnet werden. Das heißt, der neueste Auftrag wird zuerst angeordnet.
Dann wird der zweitneueste Auftrag vor seinem Fälligkeitsdatum und der Startzeit des neuesten Auftrags geplant, ähnlich wie bei der Berechnung in der
Projektbewertungs- und Überprüfungstechnik (PERT) [6], und so weiter.

Beispiel 4.2 Die Daten von drei Aufträgen sind in Tab. 4.2 zusammengefasst. Die
Planungsaufgabe beginnt bei Arbeitsstation #2. Auftrag #2 hat das späteste Fälligkeitsdatum und wird zuerst arrangiert:

(Auftrag #2, Arbeitsstation #2)

Fertigstellungszeit = 19:30

Startzeit = 19:30 – 1 · (15, 22, 30) = (19:00, 19:08, 19:15)

Anschließend wird Auftrag #1 vor seinem Fälligkeitsdatum und der Startzeit
von Auftrag #2 geplant.

(Auftrag #1, Arbeitsstation #2)

Fertigstellungszeit = Min(18:00, (19:00, 19:08, 19:15)) = 18:00.

Startzeit = 18:00 − 2 · (15, 22, 30) = (17:00, 17:16, 17:30)

Schließlich wird Auftrag #3 auf dieser Arbeitsstation wie folgt geplant.

(Auftrag #3, Arbeitsstation #2)

Fertigstellungszeit = Min(17:50, (17:00, 17:16, 17:30)) = (17:00, 17:16, 17:30)

Startzeit = (17:00, 17:16, 17:30) (−) 5 · (15, 22, 30) = (14:30, 15:26, 16:15)

Anschließend werden die Operationen an Arbeitsstation #1 auf die gleiche Weise und in der gleichen Reihenfolge geplant:

(Auftrag #2, Arbeitsstation #1)

Fertigstellungszeit = (19:00, 19:08, 19:15)

Startzeit = (19:00, 19:08, 19:15) − 1 · (5, 7, 10) = (18:50, 19:01, 19:10)

(Auftrag #1, Arbeitsstation #1)

Fertigstellungszeit = Min((17:00, 17:16, 17:30), (18:50, 19:01, 19:10)) = (17:00, 17:16, 17:30)

Startzeit = (17:00, 17:16, 17:30) − 2 · (5, 7, 10) = (16:40, 17:02, 17:20)

(Auftrag #3, Arbeitsstation #1)

Fertigstellungszeit = Min((14:30, 15:26, 16:15), (16:40, 17:02, 17:20)) = (14:30, 15:26, 16:15)

Startzeit = (14:30, 15:26, 16:15) (−) 5 · (5, 7, 10) = (13:40, 14:51, 15:50)

Schließlich wird der unscharfe Pull-Produktionsplan in Tab. 4.3 vorgestellt.

Die Start- und Fertigstellungszeiten einer Operation werden als Bereiche ausgedrückt, was dem Bediener einen erheblichen Grad an Flexibilität bietet. Jedoch kann JIT zwar den Effekt eines Nullbestands erreichen, es kann jedoch zu ungenutzter (oder verschwendeter) Produktionskapazität führen, wie in Abb. 4.3 gezeigt. Dieses Problem kann gelöst werden, wenn ein gewisser Bestand zugelassen wird und Bestellungen rechtzeitig und nicht JIT erfüllt werden [7].

Es ist üblich, dass nicht alle Produkte von guter Qualität sind. Die Ausbeute eines Produkts ist der Prozentsatz der Werkstücke, die nach einem Schritt (oder allen Schritten) von akzeptabler Qualität sind, was bei der Planung von Operationen berücksichtigt werden muss.

Beispiel 4.3 Im Beispiel 4.1 beträgt die Ausbeute des Produkts etwa 90%, was mit einer TFN als (82%, 90%, 95%) modelliert wird. Um 10 Einheiten akzeptabler Produkte zu erzeugen, ist die Anzahl der zu fertigenden Werkstücke 10/(82%,

Tab. 4.3 Unscharfer Produktionsplan für Beispiel 4.2

Arbeitsplatz #	Auftrag #	Startzeit	Fertigstellungszeit
1	3	(13:40, 14:51, 15:50)	(14:30, 15:26, 16:15)
1	1	(16:40, 17:02, 17:20)	(17:00, 17:16, 17:30)
1	2	(18:50, 19:01, 19:10)	(19:00, 19:08, 19:15)
2	3	(14:30, 15:26, 16:15)	17:50
2	1	(17:00, 17:16, 17:30)	18:00
2	2	(19:00, 19:08, 19:15)	19:30

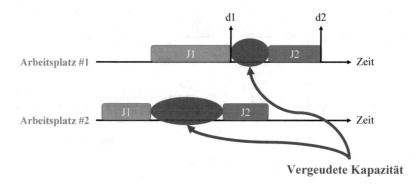

Abb. 4.3 Kapazitätsverschwendung durch Pull-Produktion

90%, 95%) = (10.5, 11.1, 12.2) → (11, 11, 12) nach Rundung auf ganze Zahlen. Daher werden die Start- und Fertigstellungszeiten für die Operation an jeder Arbeitsstation wie folgt berechnet.

(Arbeitsstation #2)

Fertigstellungszeit = 18:00

Startzeit = 18:00 – (11, 11, 12) (×) (15, 22, 30) = 18:00 – (165, 242, 360) = (12:00, 13:58, 15:15)

(Arbeitsstation #1)

Fertigstellungszeit = (12:00, 13:58, 15:15)

Startzeit = (12:00, 13:58, 15:15) (–) (11, 11, 12) (×) (5, 7, 10) = (12:00, 13:58, 15:15) (–) (55, 77, 120) = (10:00, 12:41, 14:20)

Offensichtlich muss der Betrieb an jeder Arbeitsstation nach Berücksichtigung des Qualitätsverlusts vorgezogen werden, wie in Abb. 4.4 dargestellt.

Beispiel 4.4 Das Problem des Qualitätsverlusts wird für Beispiel 4.2 berücksichtigt. Die Mengen der zu fertigenden Werkstücke für die drei Aufträge sind

Auftrag #1: 2 / (82%, 90%, 95%) = (2.11, 2.22, 2.44) → (2, 2, 2)

Auftrag #2: 1 / (82%, 90%, 95%) = (1.05, 1.11, 1.22) → (1, 1, 1)

Auftrag #3: 5 / (82%, 90%, 95%) = (5.26, 5.56, 6.10) → (5, 6, 6)

Der neue unscharfe Produktionsplan ist in Tab. 4.4 dargestellt.

Wenn es in einem Fertigungssystem sowohl Pull-Produktion (Aufträge mit Fälligkeitsdaten) als auch Push-Produktion (Aufträge ohne Fälligkeitsdaten, die aber so schnell wie möglich abgeschlossen werden sollten) gibt, sollten die Aufträge für die Pull-Produktion zuerst geplant werden. Dann, wenn die Produktionskapazität ungenutzt ist, werden Aufträge für die Push-Produktion platziert.

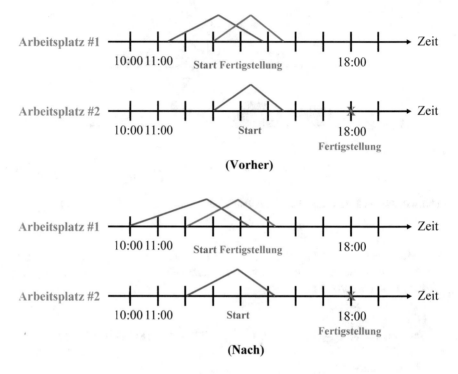

Abb. 4.4 Vergleich von JIT-Produktionsplänen vor und nach Berücksichtigung des Qualitätsverlusts

Tab. 4.4 Unscharfer Produktionsplan für Beispiel 4.4

Arbeitsplatz #	Auftrag #	Startzeit	Fertigstellungszeit
1	3	(13:00, 14:22, 15:50)	(14:00, 15:04, 16:15)
1	1	(16:40, 17:02, 17:20)	(17:00, 17:16, 17:30)
1	2	(18:50, 19:01, 19:10)	(19:00, 19:08, 19:15)
2	3	(14:00, 15:04, 16:15)	17:50
2	1	(17:00, 17:16, 17:30)	18:00
2	2	(19:00, 19:08, 19:15)	19:30

4.2.2 Künstliche neuronale Netzwerke zur Schätzung der Zykluszeit und zur Auftragsplanung in der Pull-Produktion

Die Pull-Produktion eines großen Fertigungssystems ist noch komplizierter. Ein Trend in der Praxis besteht darin, mehr Echtzeit-Fertigungsausführungssysteme (MES) und Produktionsmanagementinformationssysteme (PROMIS) [8] zu über-

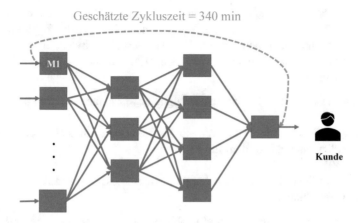

Abb. 4.5 Ein großes Fertigungssystem

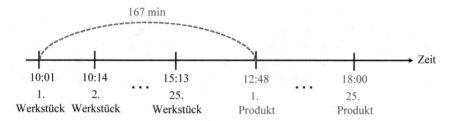

Abb. 4.6 Pull-Produktionsplan für Beispiel 4.5

nehmen. Diese Systeme basieren auf den Anwendungen von KI. Zum Beispiel wird ein großes Fertigungssystem in Abb. 4.5 dargestellt. Es ist schwierig, die oben genannten Berechnungen durchzuführen. Stattdessen kann die Zykluszeit (d. h., die Ausgabezeit abzüglich der Eingabezeit) eines Werkstücks geschätzt werden.

Das Problem besteht darin, wie die Zykluszeit eines Werkstücks geschätzt werden kann. Wenn das Fertigungssystem über einen langen Zeitraum stabil ist, kann die durchschnittliche Zykluszeit alter Werkstücke als Referenzwert verwendet werden.

Beispiel 4.5 Die Bearbeitungszeit an der Arbeitsstation M1 beträgt 13 Minuten, während die Zykluszeit eines Werkstücks von dieser Arbeitsstation bis zur Fertigstellung auf 167 Minuten geschätzt wird. Wenn 25 Einheiten von Produkten um 18:00 Uhr geliefert werden sollen, dann sollte das erste Werkstück spätestens um $18:00 - 167 - (25 - 1) \cdot 13 = 10:01$ an die Arbeitsstation M1 eingegeben werden, wie in Abb. 4.6 dargestellt.

Andernfalls kann eine KI-Methode angewendet werden, um die Zykluszeit eines Werkstücks zu schätzen. Zum Beispiel hat Chen [9] die Zykluszeit eines Auftrags (einschließlich mehrerer Werkstücke) geschätzt, indem er die Werte der folgenden Produktionsbedingungen berücksichtigte, als der Auftrag in die Fabrik eingeführt wurde:

- Fabrikauslastung: die höchste Auslastung aller Maschinen in der Fabrik am Vortag.
- Auftragsgröße: die Anzahl der Werkstücke, die zusammen bearbeitet werden.
- Warteschlangenlänge vor dem Engpass;
- Fabrik-WIP;
- Durchschnittliche Zykluszeit der kürzlich abgeschlossenen Aufträge;
- Fabrikwarteschlange.

Dann wurde ein **Backpropagation-Neuronales Netzwerk (BPN)** (oder **Feedforward-Neuronales Netzwerk, FNN**) konstruiert, um die Zykluszeit aus den Werten dieser Produktionsbedingungen zu schätzen, wie in Abb. 4.7 dargestellt.

In Abb. 4.7 hat das BPN drei Schichten: die Eingabeschicht, eine versteckte Schicht mit 12 Knoten und die Ausgabeschicht. Es handelt sich um ein flaches künstliches neuronales Netzwerk (ANN), da es nur eine einzige versteckte Schicht gibt. Die Werte der sechs Produktionsbedingungen, angegeben durch $x_{j1} \sim x_{j6}$, werden in das BPN eingegeben, das sie wie folgt an die versteckte Schicht weiterleitet:

$$h_{jl} = \frac{1}{1 + e^{-n_{jl}^h}} \tag{4.1}$$

wo

$$n_{jl}^h = I_{jl}^h - \theta_l^h \tag{4.2}$$

$$I_{jl}^h = \sum_{p=1}^{6} w_{pl}^h x_{jp} \tag{4.3}$$

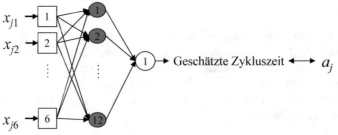

Abb. 4.7 BPN zur Schätzung der Zykluszeit eines Auftrags

wo h_{jl} ist die Ausgabe vom Knoten l der ersten versteckten Schicht; $l = 1 \sim 12$. θ_l^h ist die Schwelle an diesem Knoten; w_{pl}^h ist das Verbindungsgewicht zwischen Eingangsknoten p und diesem Knoten. h_{jl} wird an die Ausgabeschicht weitergegeben. Dann wird die Netzwerkausgabe o_j wie folgt erzeugt

$$o_j = n_j^o \tag{4.4}$$

wo

$$n_j^o = I_j^o - \theta^o \tag{4.5}$$

$$I_j^o = \sum_{l=1}^{12} w_l^o h_{jl} \tag{4.6}$$

Der Netzwerkausgang ist die geschätzte Zykluszeit, die mit der Zykluszeit (d. h., tatsächlicher Wert) des Jobs a_j verglichen wird.

Theoretisch können viele Algorithmen angewendet werden, um das BPN zu trainieren und die optimalen Werte der Netzwerkparameter abzuleiten, z.B. der Gradientenabstiegsalgorithmus (GD), der konjugierte Gradientenalgorithmus, der skalierte konjugierte Gradientenalgorithmus, der Levenberg-Marquardt (LM) Algorithmus usw. In der Praxis sind Software oder Programmiersprachen, die ANN-Anwendungen unterstützen, nicht nur verbreitet, sondern auch ausgereift. Ein anschauliches Beispiel wird unten gegeben.

Beispiel 4.6 Zykluszeitbezogene Daten wurden für 120 Jobs gesammelt und sind in Tab. 4.5 dargestellt. Die Daten der ersten 80 Jobs werden verwendet, um das BPN zu trainieren, während der Rest für die Bewertung der Schätzleistung in Bezug auf den quadratischen Mittelwertfehler (RMSE) reserviert ist:

$$RMSE = \sqrt{\frac{\sum_{j=1}^{n} (o_j - a_j)^2}{n}} \tag{4.7}$$

Tab. 4.5 Daten zur Zykluszeit von 120 Aufträgen

j	x_{j1} (%)	x_{j2}	x_{j3}	x_{j4}	x_{j5}	x_{j6}	a_j
1	84.20	24	99	807	1223	158	953
2	94.80	23	142	665	1225	164	1248
...							
80	91.90	24	232	807	1333	166	1272
81	85.20	24	127	785	1251	182	1173
...							
120	88.80	22	326	777	1319	159	1285

Das MATLAB-Programm zur Implementierung des BPN wird in Abb. 4.8 gezeigt. Das BPN wird mit dem Levenberg-Marquardt (LM) Algorithmus [10] trainiert. Die Anzahl der Epochen beträgt 50000.

Der Trainingsprozess ist in Abb. 4.9 dargestellt. Die Prognoseergebnisse sind in Abb. 4.10 zusammengefasst. Die Prognosegenauigkeit, gemessen in Bezug auf RMSE für Testdaten, beträgt 198 h.

Wie dieses Beispiel zeigt, ist die Anwendung von ANNs recht einfach. Für Praktiker im schlanken Fertigungsbereich können ANNs als Black Boxes betrachtet werden, die nichtlineare Ursache-Wirkungs-Beziehungen effektiv modellieren.

4.3   AI-Anwendungen für JIT

4.3.1   3D-Druckanwendungen für Lean Manufacturing

Das Ziel von Lean Manufacturing ist die Abfallreduktion. 3D-Druck kann Produkte auf genaueste Weise herstellen, so dass er den Verbrauch von Materialien sparen und unnötige Abfälle vermeiden kann. Aus dieser Sicht kann 3D-Druck tatsächlich zu Lean Manufacturing führen. Allerdings wurde die Beziehung zwischen 3D-Druck und Lean Manufacturing selten untersucht.

Nach Ansicht von Campbell et al. [11] reduziert oder eliminiert der 3D-Druck die Notwendigkeit für mehrere Rohstoffe, was zum Verschwinden von zugehörigen Montagelinien und Lieferketten führt. Als Ergebnis ist die gesamte Industrie schlanker geworden.

3D-Druck kann auch angewendet werden, um die Teile eines Produkts herzustellen. Calì et al. [12] verwendeten 3D-Druck, um die beweglichen Gelenke eines Tiermodells herzustellen, und etablierten dann ein effizientes Verfahren, um diese

```
training_x=[84.20% 94.80% … 91.90%;24 23 … 24;99 142 … 232;807 665 … 807;1223 1225 …
1333;158 164 … 166];
test_x=[85.20% … 88.80%;24 … 22;127 … 326;785 … 777;1251 … 1319;182 … 159];
training_y=[953 1248 … 1272];
test_y=[1173 … 1285];
net=feedforwardnet(12);
net.dividefcn='dividetrain';
net.trainParam.lr=0.1;
net.trainParam.epochs=50000;
net.trainParam.goal=100;
net=train(net,training_x,training_y);
training_est_ct=net(training_x);
test_est_ct=net(test_x);
test_rmse=mean((test_y-test_est_ct).^2)^0.5;
```

Abb. 4.8 MATLAB-Code zur Implementierung des BPN

Abb. 4.9 Trainingsprozess

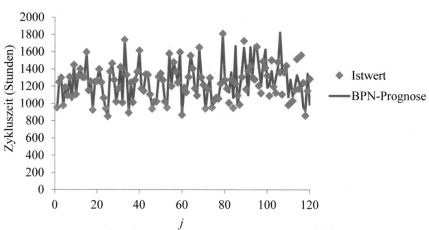

Abb. 4.10 Prognoseergebnisse

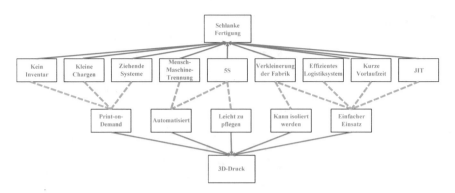

Abb. 4.11 Beiträge des 3D-Drucks zu Lean Manufacturing

beweglichen Gelenke unter Berücksichtigung von Rotationsbeschränkungen ein-
zupassen, wobei sie sich auf mehrere Konzepte von Lean Manufacturing bezogen.

Chen und Lin [13] erwähnten, dass 3D-Druck auf viele Weisen zu Lean
Manufacturing beitragen kann, wie in Abb. 4.11 gezeigt.

Der direkteste Vorteil des 3D-Drucks sind kleine Chargen. Alle 3D-gedruckten
Objekte können unterschiedlich sein, was eine Massenanpassung ermöglicht. Mit
3D-Druck können Produkte in einer Druck-auf-Anfrage-Weise hergestellt werden,
was die Notwendigkeit, ein Inventar für das Produkt aufzubauen, eliminiert, im
Einklang mit den Konzepten von "Pull-System" und "kein Inventar" in Lean
Manufacturing.

Die Trennung von Mensch und Maschine ist auch ein wichtiges Prinzip von
Lean Manufacturing. Es verschiebt die Aufgaben der Arbeiter von einfachen
Maschinenoperationen zur Teilnahme an einem kontinuierlichen Verbesserungs-
prozess [14]. Die Operationen eines 3D-Druckers sind weitgehend automatisiert.
Diese Eigenschaft erleichtert die Trennung von Mensch und Maschine. Darüber
hinaus sind 3D-Drucker leicht zu warten, was gut für die 5S-Implementierung ist.

Fertigungsanlagen, die mit 3D-Druckern ausgestattet sind, können von anderen
Anlagen isoliert werden, was es ermöglicht, Fabriken zu verkleinern und schlanker
zu machen. Nach der Philosophie von Lean Manufacturing werden Abfälle in der
Regel durch übermäßige oder ungleiche Arbeitslasten verursacht; daher kann eine
aus 3D-Druckern bestehende Fertigungsanlage die Arbeitslast so verteilen, dass
die Belastung gleichmäßig auf die 3D-Drucker verteilt wird, was auch in Überein-
stimmung mit dieser Philosophie ist [15].

4.3.2 3D-Druck und JIT

In einem ubiquitären Fertigungsnetzwerk (UM) von 3D-Druckern können Kunden
den nächstgelegenen 3D-Drucker auswählen, um Produkte zu drucken, wodurch

die Vorlaufzeit, die Entfernung und die Kosten für die Lieferung von Produkten verkürzt werden. Insgesamt wird die Effizienz des Logistiksystems verbessert. Darüber hinaus ist JIT-Fertigung ein Schlüsselziel von Lean Manufacturing, indem der Standort des Kunden, das Fälligkeitsdatum der Bestellung und die erforderliche Druck- und Versandzeit (abhängig vom Standort des Kunden) berücksichtigt werden.

In der Literatur gibt es einige Studien, die UM-Systeme aus 3D-Druckeinrichtungen konstruiert haben, um die JIT-Erfüllung von Kundenbestellungen zu erreichen. Zum Beispiel führten Chen und Lin [13] eine Literaturübersicht durch, um die Machbarkeit der Zusammenarbeit mehrerer 3D-Druckeinrichtungen bei der Bestellungserfüllung zu untersuchen. Sie diskutierten auch, wie die Gesamtleistung dieser 3D-Druckeinrichtungen optimiert werden kann.

In Chen und Wang [16] platzierten mobile Kunden ihre Bestellungen für 3D-Objekte über Smartphones. Diese Bestellungen wurden auf mehrere 3D-Druckeinrichtungen verteilt. Ein gemischt-ganzzahliges quadratisches Programmierproblem (MIQP) wurde gelöst, um die Lasten auf den 3D-Druckeinrichtungen auszugleichen und den kürzesten Lieferweg durch diese 3D-Druckeinrichtungen zu planen. Ein Branch-and-Bound-Algorithmus wurde ebenfalls vorgeschlagen, um das MIQP-Problem zu lösen.

Nach ihrer Studie leiteten Wang et al. [17] den Spielraum für jede 3D-Druckeinrichtung ab, so dass ein 3D-Objekt neu gedruckt werden konnte, wenn der Druckprozess vorzeitig beendet wurde, bevor der Spielraum erreicht war.

In bestehenden Modellen fährt das Transportfahrzeug zu einer 3D-Druckeinrichtung, während der Druckprozess noch im Gange ist, um Wartezeiten zu vermeiden. Infolgedessen werden Bestellungen in der Regel an entfernte 3D-Druckeinrichtungen verteilt, was zu unausgeglichenen Lasten auf den 3D-Druckeinrichtungen führt. Um dieses Problem zu lösen, bewerteten Chen und Lin [18] die Eignung einer 3D-Druckeinrichtung hinsichtlich der Nähe zu JIT.

Das folgende Optimierungsproblem kann gelöst werden, um die geeignete Einrichtung für den Druck eines 3D-Objekts in JIT-Weise zu wählen:

$$\text{Min } Z_1 = w_k \qquad (4.8)$$

unter der Bedingung

$$w_k = t_c + p - t_s - d_k \qquad (4.9)$$

wo w_k ist die Zeit, die der Kunde nach der Ankunft in der k-ten 3D-Druckeinrichtung warten muss. Es werden nur 3D-Druckeinrichtungen in der Nähe des Kunden berücksichtigt. t_c ist die aktuelle Zeit, p ist die für den Druck des 3D-Objekts benötigte Zeit, t_s ist die Zeit, zu der der Kunde zur 3D-Druckeinrichtung aufbricht, und d_k ist die minimale Zeit, die benötigt wird, um die k-te 3D-Druckeinrichtung zu erreichen. Die Zielfunktion besteht darin, die Wartezeit zu minimieren, was JIT bedeutet. Dieses Modell ist ein lineares Programmiermodell, das mit einer vorhandenen Optimierungssoftware gelöst werden kann.

Der Wert von d_k wird auf eine der folgenden zwei Arten abgeleitet:

- Lösen Sie das folgende gemischt ganzzahlige-nichtlineare Programmierungsproblem (MINLP):

$$Min\, Z_2 = d_k \tag{4.10}$$

unter der Bedingung

$$d_i \le d_j + l_{ji},\, i = 0 \sim k;\, l_{ij} \ne \infty \tag{4.11}$$

$$d_i = \sum_{j<i, l_{ji} \ne \infty} x_{ji}(d_j + l_{ji}),\, i = 0 \sim k \tag{4.12}$$

$$\sum_{j<i, l_{ji} \ne \infty} x_{ji} = 1,\, i = 0 \sim k \tag{4.13}$$

$$x_{ji} \in \{0, 1\},\, i = 0 \sim k;\, j < i;\, l_{ij} \ne \infty \tag{4.14}$$

wo l_{ij} die Länge des kürzesten Weges zwischen den Standorten i und j ist.

- Verwenden Sie einen mobilen Navigationsservice wie Google Maps

Lin und Chen [19] schlugen einen modifizierten Dijkstra-Algorithmus zur Lösung des Problems der Auswahl einer 3D-Druckeinrichtung vor, bei dem die Eignung einer 3D-Druckeinrichtung als

$$s_i = 1 - \frac{t_c + p}{t_s + d_i} \tag{4.15}$$

Die am besten geeignete 3D-Druckeinrichtung kann somit bestimmt werden. Allerdings neigt (4.12) dazu, einen Kunden zu einer weiter entfernten Einrichtung zu leiten, um die Wartezeit zu minimieren [20]. Aus diesem Grund definierten Chen und Lin die Nähe zu JIT (siehe Abb. 4.12), um die Eignung einer 3D-Druckeinrichtung zu bewerten:

$$s_i = \min\left(\max\left(\frac{t_s + d_i - t_c - p + \delta}{\delta}, 0\right), \max\left(\frac{-t_s - d_i + t_c + p + \delta}{\delta}, 0\right)\right) \tag{4.16}$$

Abb. 4.12 Nähe zu JIT

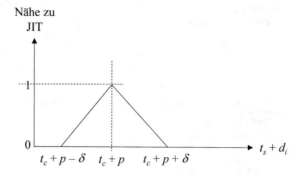

wo δ die Toleranz ist. Gemäß dieser Abbildung, wenn $t_s + d_k = t_c + p$, $w_k = 0$. Das 3D-Objekt kann in einer JIT-Weise hergestellt werden, und der Kunde kommt nicht zu früh an oder muss warten.

Chen [21] definierte die Druckzeit mit einer unscharfen Zahl, um ihre Unsicherheit zu berücksichtigen. Dann wurden ein unscharfes gemischt-ganz-zahliges lineares Programmierungsmodell (FMILP) und ein unscharfes MIQP (FMIQP) Modell optimiert, um die Lasten auf 3D-Druckeinrichtungen auszu-gleichen und den kürzesten Lieferweg zu planen.

Anschließend, wenn N 3D-Objekte von K 3D-Druckeinrichtungen gemeinsam hergestellt werden sollen, kann ein weiteres MILP-Modell optimiert werden, um den Produktionsplan zu erstellen. Angenommen a_k ist die verfügbare Zeit der 3D-Druckeinrichtung k. n_k ist die Anzahl der 3D-Objekte, die von der 3D-Druckeinrichtung k gedruckt werden sollen. Dann können alle 3D-Objekte, die die 3D-Druckeinrichtung k zum Drucken benötigen, bei $a_k + n_k p_k$ erledigt werden. Lassen Sie die Transportzeit zwischen der 3D-Druckeinrichtung k und dem Kunden durch $\tilde{d}_k$. Dann können die gedruckten 3D-Objekte zum Kunden unter $a_k + n_k p_k + d_k$ transportiert werden. Alle 3D-Druckeinrichtungen müssen 3D-Objekte zum Kunden transportieren, um die Bestellung zu erfüllen, daher ist die Erfüllungszeit der Bestellung $\max\limits_{k}(a_k + n_k p_k + d_k)$, die minimiert werden soll:

$$Min\, Z_3 = \max_{k}(a_k + n_k p_k + d_k) \tag{4.17}$$

unterliegt

$$\sum_{k=1}^{K} n_k = N \tag{4.18}$$

$$n_k \in Z^+ \cup \{0\}; k = 1 \sim K \tag{4.19}$$

Beispiel 4.7 Ein Kunde hat eine Bestellung für sechs 3D-Objekte aufgegeben, die gemeinsam von drei 3D-Druckeinrichtungen hergestellt werden. Daher, $N = 6$

Tab. 4.6 Daten von drei
3D-Druckeinrichtungen

k	a_k (min)	p_k (min)	d_k (min)
1	0	195	14
2	36	174	10
3	15	231	16

```
min=Z3;
Z3>=0+n1*195+14;
Z3>=36+n2*174+10;
Z3>=15+n3*231+16;
n1+n2+n3=6;
@gin(n1);@gin(n2);@gin(n3);
```

Abb. 4.13 Lingo-Code für das MINLP-Problem

und $K = 3$. Die verfügbare Zeit jeder 3D-Druckeinrichtung, die Druckzeit eines 3D-Objekts in der 3D-Druckeinrichtung und die Transportzeit von der 3D-Druckeinrichtung zum Kunden wurden geschätzt und sind in Tab. 4.6 zusammengefasst.

Das MILP-Modell zur Erstellung des Produktionsplans wird mit Lingo formuliert, wie in Abb. 4.13 dargestellt. Die optimale Lösung ist $\{n_k\} = \{2, 2, 2\}$, was $Z_3^* = 493$ (min) ergibt.

Tatsächlich unterliegen sowohl die Druckzeit als auch die Transportzeit einer Unsicherheit. Nach Berücksichtigung dessen kann das folgende FMILP-Modell optimiert werden, um den Produktionsplan zu erstellen:

$$Min \ \tilde{Z}_4 = \max_k (a_k + n_k \tilde{p}_k (+) \tilde{d}_k) \tag{4.20}$$

unterliegt

$$\sum_{k=1}^{K} n_k = N \tag{4.21}$$

$$n_k \in Z^+ \cup \{0\}; \ k = 1 \sim K \tag{4.22}$$

was in das folgende MILP-Problem umgewandelt werden kann:

$$Min \ Z_5 = \frac{Z_{41} + Z_{42} + Z_{43}}{3} \tag{4.23}$$

unterliegt

$$Z_{41} = \max_k (a_k + n_k p_{k1} + d_{k1}) \tag{4.24}$$

$$Z_{42} = \max_k (a_k + n_k p_{k2} + d_{k2}) \tag{4.25}$$

$$Z_{43} = \max_k (a_k + n_k p_{k3} + d_{k3}) \tag{4.26}$$

$$\sum_{k=1}^{K} n_k = N \tag{4.27}$$

$$n_k \in Z^+ \cup \{0\}; k = 1 \sim K \tag{4.28}$$

Die meisten bestehenden Systeme von 3D-Druckeinrichtungen werden zentral verwaltet. Vatankhah Barenji et al. [22] haben die Blockchain-Technologie angewendet, um solche Systeme zu transformieren, indem sie es 3D-Druckeinrichtungen ermöglichen, miteinander zu kommunizieren und das System selbst zu verwalten.

4.4 Produktionsausgleich

4.4.1 Produktionsnivellierung basierend auf TAKT-Zeit

Die Produktionsnivellierung, auch bekannt als Produktionsglättung oder Heijunka, ist eine Technik zur Beseitigung von Mura (Ungleichmäßigkeit), wodurch Muda (Verschwendung) reduziert wird. Das Ziel ist es, Zwischenprodukte mit einer konstanten Rate zu produzieren, damit die nachgelagerte Verarbeitung ebenfalls mit einer konstanten und vorhersehbaren Rate erfolgen kann [23].

Ein wichtiges Konzept für die Produktionsnivellierung ist die Taktzeit, die die Rate darstellt, mit der ein Fertigungssystem ein Produkt erzeugen muss, um die Kundennachfrage zu erfüllen [24]. Die Taktzeit eines Fertigungssystems kann berechnet werden als

$$\text{Taktzeit} = \frac{\text{gesamte Arbeitszeit}}{\text{Nachfrage}} \tag{4.29}$$

Zum Beispiel, wenn die Nachfrage 800 Stück pro Woche beträgt, und das Produktionssystem 5 Tage die Woche und 8 Stunden am Tag läuft, dann beträgt die Taktzeit (5 · 8) / 800 = 0,05 Stunden, was bedeutet, dass alle 3 Minuten ein Produkt erzeugt wird. Die Taktzeit wird oft mit der Zykluszeit verwechselt, ist aber unterschiedlich. Die Taktzeit variiert mit der Nachfrage. Takt kommt aus dem Deutschen und bedeutet Taktstock. Die Planung der Produktion nach der Taktzeit ermöglicht es der gesamten Produktionslinie, im gleichen Rhythmus wie ein Sinfonieorchester zu arbeiten. Allerdings variiert die für jeden Produktionsschritt benötigte Zeit. Wie man alle Schritte dazu bringt, nach der Taktzeit zu produzieren, ist eine herausfordernde Aufgabe.

Das Anpassen der Bearbeitungszeit jeder Arbeitsstation an die Taktzeit oder etwas darunter ist das Ziel der Produktionsnivellierung. Es gibt verschiedene Ansätze zu diesem Zweck:

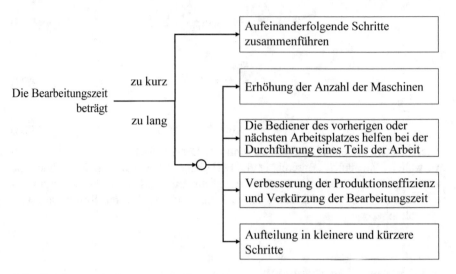

Abb. 4.14 Ansätze zur Anpassung der Bearbeitungszeit an die Taktzeit

- Bediener von vorherigen oder nächsten Arbeitsstationen helfen bei einem Teil der Arbeit, was auf einer detaillierten Arbeitsstudie basiert [25].
- Zusammenführen von zwei (oder mehr) aufeinanderfolgenden Schritten und dann Aufteilen in mehrere neue Schritte, jeder mit einer Produktionszeit, die den Anforderungen der Taktzeit entspricht.
- Erhöhung der Anzahl der Maschinen.
- Verbesserung der Produktionseffizienz und Verkürzung der Bearbeitungszeit.

Die Ansätze sind unterschiedlich, wenn die Bearbeitungszeit zu lang und wenn sie zu kurz ist, wie in Abb. 4.14 gezeigt.

4.4.2 Cloud Manufacturing Anwendung zur Produktionsnivellierung

Das Aufkommen der Cloud-Manufacturing (CMfg) Technologie bietet eine neue Möglichkeit zur Produktionsnivellierung. CMfg ist ein Fertigungsmodell, das einen allgegenwärtigen, bequemen und Echtzeit-Zugang zu einem gemeinsamen Pool von konfigurierbaren Fertigungsressourcen über das Internet ermöglicht [19, 26]. CMfg ist eine Anwendung von Cloud Computing [27] in der Fertigung, um schnell Fertigungsressourcen bereitzustellen und freizugeben mit minimalen administrativen Aufwand oder Interaktion mit dem Dienstleister.

Die Kapazität einer Arbeitsstation ist die Anzahl der Werkstücke, die in einem bestimmten Zeitraum bearbeitet werden können, und kann wie folgt berechnet werden:

$$\text{Kapazität} = \frac{\text{gesamte Arbeitszeit}}{\text{Bearbeitungszeit}} \qquad (4.30)$$

Die Kapazität eines Schrittes ist umgekehrt proportional zur Bearbeitungszeit. Mit anderen Worten, die Kapazität eines Schrittes mit einer längeren Bearbeitungszeit ist geringer. In einem schlanken Fertigungssystem bedeutet eine Bearbeitungszeit, die länger als die Taktzeit ist, einen Mangel an ausreichender Kapazität. Umgekehrt bedeutet eine Bearbeitungszeit, die kürzer als die Taktzeit ist, eine Überschusskapazität.

CMfg kann wie folgt zur Produktionsnivellierung angewendet werden. Wenn die Kapazität eines Schrittes unzureichend ist, kann die Fabrik durch die Intervention eines Cloud-Service-Anbieters externe, cloud-basierte Kapazität suchen, um aufzufüllen. Im Gegensatz dazu kann, wenn ein Schritt eine Überschusskapazität hat, diese auch auf die gleiche Weise als cloud-basierte Kapazität anderen Fabriken zur Verfügung gestellt werden [28]. Mit anderen Worten, CMfg bietet eine weitere Möglichkeit, die Taktzeit abzustimmen, wie in Abb. 4.15 dargestellt.

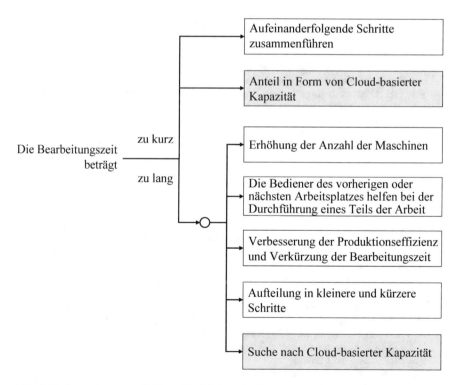

Abb. 4.15 Anwendung von CMfg zur Produktionsnivellierung

Literatur

1. Lean Enterprise Institute, Pull production (2021). https://www.lean.org/lexicon-terms/pull-production/
2. G. Singh, I.S. Ahuja, Just-in-time manufacturing: literature review and directions. Int. J. Bus. Contin. Risk Manag. **3**(1), 57–98 (2012)
3. A. Susilawati, J. Tan, D. Bell, M. Sarwar, Fuzzy logic based method to measure degree of lean activity in manufacturing industry. J. Manuf. Syst. **34**, 1–11 (2015)
4. M. Hanss, *Applied Fuzzy Arithmetic* (Springer-Verlag, 2005)
5. X.A. Koufteros, Testing a model of pull production: a paradigm for manufacturing research using structural equation modeling. J. Oper. Manag. **17**(4), 467–488 (1999)
6. F. Habibi, O. Birgani, H. Koppelaar, S. Radenović, Using fuzzy logic to improve the project time and cost estimation based on Project Evaluation and Review Technique (PERT). J. Proj. Manag. **3**(4), 183–196 (2018)
7. M.L. Pinedo, *Scheduling: Theory, Algorithms, and Systems* (Prentice Hall, 2012)
8. P. Perico, J. Mattioli, Empowering process and control in lean 4.0 with artificial intelligence, in *Third International Conference on Artificial Intelligence for Industries* (2020), pp. 6–9
9. T. Chen, A hybrid SOM-BPN approach to lot output time prediction in a wafer fab. Neural Process. Lett. **24**(3), 271–288 (2006)
10. G. Lera, M. Pinzolas, Neighborhood based Levenberg–Marquardt algorithm for neural network training. IEEE Trans. Neural Netw. **13**(5), 1200–1203 (2002)
11. T. Campbell, C. Williams, O. Ivanova, B. Garrett, Could 3D printing change the world. Technol. Potential Implic. Addit. Manuf. **10**, 1–15 (2011)
12. J. Calì, D.A. Calian, C. Amati, R. Kleinberger, A. Steed, J. Kautz, T. Weyrich, 3D-printing of non-assembly, articulated models. ACM Trans. Graph. **31**(6), 130 (2012)
13. T. Chen, Y.C. Lin, Feasibility evaluation and optimization of a smart manufacturing system based on 3D printing: a review. Int. J. Intell. Syst. **32**(4), 394–413 (2017)
14. Velaction Continuous Improvement, Separate man from machine (2016). http://www.velaction.com/separate-man-from-machine/
15. A. Goel, M.K. Sundararajan, The flat supply chain (2007). http://www.sdcexec.com/article/10289663/the-flat-supply-chain
16. T. Chen, Y.C. Wang, An advanced fuzzy approach for modeling the yield improvement of making aircraft parts using 3D printing. Int. J. Adv. Manuf. Technol. **105**(10), 4085–4095 (2019)
17. Y.C. Wang, T. Chen, Y.L. Yeh, Advanced 3D printing technologies for the aircraft industry: a fuzzy systematic approach for assessing the critical factors. Int. J. Adv. Manuf. Technol. **105**(10), 4059–4069 (2019)
18. T.C.T. Chen, Y.C. Lin, A three-dimensional-printing-based agile and ubiquitous additive manufacturing system. Robot. Comput.-Integr. Manuf. **55**, 88–95 (2019)
19. Y.-C. Lin, T. Chen, A ubiquitous manufacturing network system. Robot. Comput.-Integr. Manuf. **45**, 157–167 (2017)
20. T. Chen, Creating a just-in-time location-aware service using fuzzy logic. Appl. Spat. Anal. Policy **26**(9), 287–307 (2016)
21. T.C.T. Chen, Fuzzy approach for production planning by using a three-dimensional printing-based ubiquitous manufacturing system. AI EDAM **33**(4), 458–468 (2019)
22. A. Vatankhah Barenji, Z. Li, W.M. Wang, G.Q. Huang, D.A. Guerra-Zubiaga, Blockchain-based ubiquitous manufacturing: a secure and reliable cyber-physical system. Int. J. Prod. Res. **58**(7), 2200–2221 (2020)
23. D.T. Jones, Heijunka: Leveling production (2006). https://www.sme.org/technologies/articles/2006/heijunka-leveling-production/
24. Kanbanize.com, What is Takt time and how to define it? (2022). https://kanbanize.com/continuous-flow/takt-time

25. H. Elghobary, A. Haridi, M. Naguib, Computerized work study approach to factory design. Comput. Ind. Eng. **13**(1–4), 327–331 (1987)
26. X. Xu, From cloud computing to cloud manufacturing. Robot. Comput.-Integr. Manuf. **28**(1), 75–86 (2012)
27. F. Alharbi, A. Atkins, C. Stanier, Understanding the determinants of cloud computing adoption in Saudi healthcare organisations. Complex Intell. Syst. **2**(3), 155–171 (2016)
28. T. Chen, Y.-C. Wang, A fuzzy mid-term capacity and production planning model for a manufacturer under a cloud manufacturing environment. Complex Intell. Syst. **7**, 71–85 (2021)

Kapitel 5
KI-Anwendungen im Shop Floor Management in Lean Manufacturing

Shop Floor Management

5.1.1 Einführung

Shop Floor Management umfasst spezifische Aktivitäten auf der Produktions-fläche und anderswo in der Fabrik, mit dem Ziel, einen klaren, sicheren, stabilen und handlungsorientierten Arbeitsablauf zu schaffen [1]. Es besteht jedoch kein Konsens darüber, welche Aktivitäten zum Shop Floor Management gehören. Laut Oracle.com [2] gehören zum Shop Floor Management die folgenden Aktivitäten.

- Stunden- und Mengenverfolgung.
- Berichterstattung.
- Materialverfolgung.
- Fertigungsrechnungswesen.
- Produktionsplanung und -verfolgung.
- Arbeitsauftragsplanung.
- Prozess- oder Routinganweisungen.
- Teilelisten-Erstellung.

Periodische Wartung und Reparatur sowie Qualitätskontrolle gehören ebenfalls zum Shop Floor Management.

5.1.2 Shop Floor Management in der Lean Production

Grundsätzlich können die Methoden und Werkzeuge des Shop Floor Managements, die in allgemeinen Fertigungssystemen verwendet werden, auch auf ein Lean Manufacturing System angewendet werden. Allerdings wurden einige Methoden und Werkzeuge für das Shop Floor Management eines Lean Manufacturing Systems vorgeschlagen oder entwickelt, wie z. B.

- **Kontinuierlicher Fluss**: Kontinuierlicher Fluss ist eine reibungslose Produktionsmethode, die zur Herstellung, Produktion oder Verarbeitung von Materialien mit möglichst wenigen oder sogar keinen Puffern zwischen den Schritten verwendet wird [3, 4].
- **Pull-Produktion**: Pull-Produktion ist eine Methode der Produktionssteuerung, bei der nachgelagerte Aktivitäten ihre Bedürfnisse an vorgelagerte Aktivitäten signalisieren [4, 5]. AI-Anwendungen für die Pull-Produktion wurden in Kap. 4 vorgestellt.
- **Single Minute Exchange of Die (SMED)**: SMED ist ein Prozess zur schnellstmöglichen Umstellung von Produktionsanlagen von einem Produkttyp auf einen anderen [6, 7].
- **Total Productive Maintenance (TPM)**: TPM ist eine Managementphilosophie, die alle Mitarbeiter in die Verbesserungsaktivitäten zur Beseitigung der sechs Verschwendungen während des Lebenszyklus von Anlagen einbezieht [8].
- **Total Quality Management (TQM)**: TQM ist eine Managementphilosophie, bei der alle Abteilungen, Mitarbeiter und Manager dafür verantwortlich sind, die Qualität kontinuierlich zu verbessern, so dass Produkte und Dienstleistungen die Erwartungen der Kunden erfüllen oder übertreffen [9, 10].

5.1.3 Notwendigkeit von Künstlicher Intelligenz Anwendungen im Shop Floor Management

Zweifellos erfordert das Shop Floor Management eine genaue Messung, Berechnung und Analyse von Zeit, Menge, Qualität und anderen Daten. Zu diesem Zweck ist die Anwendung von Künstlicher Intelligenz (KI) Technologien notwendig:

- Viele Daten im Zusammenhang mit Zeit, Menge und Qualität sind zu **Big Data** geworden, die Datensätze von Größen umfassen, die die Fähigkeiten typischer Datenbanksoftwaretools zur Erfassung, Speicherung, Verwaltung und Analyse überschreiten [11]. Zur Analyse dieser Big Data wird die Anwendung von KI-Technologien effektiver und effizienter sein.
- Einige spezifische Datenanalysen sind für Menschen manuell schwer durchzuführen, und KI muss zur Unterstützung angewendet werden.
- Nur durch die Echtzeiterfassung relevanter Daten kann die Genauigkeit der Analyseergebnisse sichergestellt werden, wofür die Anwendung von intelligenten Technologien, wie Sensoren und drahtloser Kommunikation, entscheidend ist.
- Software im Zusammenhang mit KI-Anwendungen ist bereits gängig und nicht unbedingt teuer. Beispielsweise kann auch die kostenlose R-Sprache verwendet

werden, um **künstliche neuronale Netzwerke (ANNs)** zur Analyse nicht-linearer Beziehungen zu erstellen [12]. Um in einer zunehmend wettbewerbs-intensiven Branche zu überleben, gibt es keinen Grund für Unternehmen, sie nicht zu nutzen.

5.2 AI-Anwendungen für Shop Floor Management in Lean Manufacturing

5.2.1 Lean Data

Eine der Hauptaufgaben der Big-Data-Analytik besteht darin, riesige Daten-mengen zu sammeln. Allerdings sind große Datenmengen schwer zu analysieren. Stichproben, Hauptkomponentenanalyse (PCA) und andere Techniken wurden traditionell angewendet, um die Menge der in der Analyse verwendeten Daten zu reduzieren. Im Gegensatz dazu erwähnten Küfner et al. [13] das Konzept der **Lean Data**, also die Reduzierung der Menge der gesammelten Daten, bevor sie an den Benutzer übermittelt werden. Zu diesem Zweck schlugen sie den Ansatz der „dezentralen Datenreduktion" vor, bei dem ein ANN-Analysemodul in jede Maschine eingebettet wurde, um die von der Maschine in Echtzeit erzeugten Daten zu analysieren, und schließlich Analyseergebnisse, anstatt der ursprüng-lichen Daten, an den Benutzer zu präsentieren.

Edge Computing oder **Edge Intelligence**, in den letzten Jahren entwickelt, ist ein ähnliches Konzept, das Sensoren ermöglicht, die gesammelten Daten zu ver-arbeiten oder zu analysieren [14]. Diese Techniken dienen der Datenreduktion, die eine gängige Praxis im Umgang mit Big Data ist [15]. Wenn die Reduzierung von Daten die Entfernung von Abfall in Daten darstellt, entspricht dies tatsäch-lich der Philosophie des Lean Managements. Anschließend können die reduzierten Big Data an cloudbasierte Dienste übertragen werden, die über starke Speicher- und Analysefähigkeiten verfügen und Big Data im Auftrag von Unternehmen ver-arbeiten können [14]. Eine Systemarchitektur zur Implementierung von Lean Data ist in Abb. 5.1 dargestellt.

Lean Data ist hilfreich für viele Aktivitäten im Shop Floor Management. Ein offensichtliches Beispiel ist die **prädiktive Wartung**, die auf der Grundlage der Ergebnisse der Analyse mit **Maschinelles Lernen** Techniken entscheidet, ob Maschinen im Voraus repariert werden sollen [16]. Um vorherzusagen, wann eine Maschine ausfallen wird, werden verschiedene Sensoren verwendet, um den aktuellen Stand, die Temperatur, den Geräuschpegel usw. der Maschine zu über-wachen. Diese Daten schwanken ständig, was zu einer riesigen Menge an Daten führt, die schwer zu analysieren sind. Die Anwendung des Konzepts der Lean Data zur Vorabauswahl solcher Daten kann die Effektivität und Effizienz der nach-folgenden Datenanalyse erheblich verbessern.

Abb. 5.1 Systemarchitektur
zur Implementierung von
Lean Data

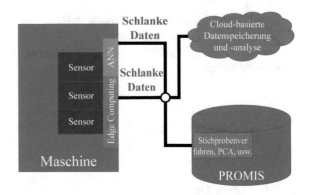

5.2.2   Schlanke Instandhaltung

Die Implementierung von schlanken Methoden und Werkzeugen in der Instandhaltung wird als **schlanke Instandhaltung** bezeichnet [17]. Das Ziel der
schlanken Instandhaltung besteht darin, die Zuverlässigkeit der Ausrüstung zu den
geringsten Kosten zu gewährleisten [18, 19].

Ein bekanntes Konzept in der schlanken Produktion ist **TPM**, das proaktive und
präventive Instandhaltung zur Maximierung der Betriebseffizienz der Ausrüstung
ist [8]. Hier bedeutet Betriebseffizienz eine hohe Verfügbarkeit der Ausrüstung
und wenige Produktfehler. Mit anderen Worten, das Ziel von TPM ist es, die
Leistung in vielen Aspekten gleichzeitig zu verbessern, nicht nur die Produktivität
der Maschine.

Der Schwerpunkt von TPM liegt darauf, die Bediener zu befähigen, ihre eigene
Ausrüstung zu warten, was viel billiger sein wird als den Ausrüstungslieferanten
um die Wartung (oder Reparatur) zu bitten, wodurch die damit verbundenen
Kosten gespart werden. Daher ist TPM ein Schritt in Richtung schlanke Instandhaltung.

Darüber hinaus reduziert **prädiktive Instandhaltung** unerwartete kostspielige
Reparaturen, die durch unerwartete Maschinenausfälle verursacht werden, und ist
ebenfalls ein Schritt in Richtung schlanke Instandhaltung [20]. Es wird erwartet,
dass die prädiktive Instandhaltung sich zu **präskriptiver Instandhaltung** weiterentwickelt. Nach der Definition von Limble CMMS [21] ist präskriptive Instandhaltung eine Erweiterung der prädiktiven Instandhaltung. Basierend auf den von
Sensoren gesammelten Daten wendet die präskriptive Instandhaltung eingebaute
Algorithmen an, um verschiedene Szenarien (einschließlich Produktion, Instandhaltung usw.) zu analysieren und dann das beste Szenario zu empfehlen. Ein Beispiel, das den Unterschied zwischen prädiktiver Instandhaltung und präskriptiver
Instandhaltung verdeutlicht, wird unten gegeben:

(Prädiktive Instandhaltung)

Die Maschine wird in 17 Stunden ohne Wartung ausfallen. Die nächste geplante periodische Wartung ist jedoch erst in 30 Stunden. Daher sollte die nächste periodische Wartung als vorbeugende Maßnahme vorgezogen werden.

(Präskriptive Instandhaltung)

Die Maschine wird in 17 Stunden ohne Wartung ausfallen. Nach den Analyse-ergebnissen mit einem unscharfen Inferenzsystem wird diese Zeit jedoch ver-doppelt, wenn die Temperatur der Maschine auf unter 45 °C gesenkt werden kann. Daher wird die Einstellung der Maschine entsprechend dieser Empfehlung angepasst, und die nächste periodische Wartung wird zum ursprünglichen Zeit-punkt durchgeführt.

Darüber hinaus ist **Tele-Instandhaltung** eine intelligente Technologie, die es Ausrüstungslieferanten ermöglicht, die Wartung aus der Ferne durchzu-führen, anstatt vor Ort [22], wodurch Transportkosten gespart und Zeitpläne leicht koordiniert werden können. Die Bediener in der Fabrik können auch auf die gleiche Weise angewiesen werden, die Ausrüstung selbst zu warten oder zu reparieren.

Diese Instandhaltungspolitiken haben folgende Unterschiede bei der Reduzierung der Instandhaltungskosten:

- Ziel der prädiktiven Instandhaltung ist es, unerwartete Reparaturkosten auf der Grundlage der Ergebnisse der Datenklassifikation und -prognose zu reduzieren (d. h. die Anwendung von KI).
- TPM zielt darauf ab, die Gesamtkosten für die Wartung und Reparatur von Geräten systematisch zu reduzieren (durch Personalschulungen).
- Die Tele-Instandhaltung wird von intelligenten Technologien (einschließlich Hardware und Software) wie **5G**, **Augmented Reality (AR)** usw. angetrieben.

Die drei Instandhaltungspolitiken überschneiden sich und tragen alle zur schlanken Instandhaltung bei, wie in Abb. 5.2 dargestellt. Der Schnittpunkt der drei Instandhaltungspolitiken ist das folgende Szenario:

Eine Maschine ist mit verschiedenen Sensoren ausgestattet. Dann führt der Bediener der Maschine auf der Grundlage der Überwachungsergebnisse eine präventive Wartung unter Anleitung eines entfernten Ausrüstungslieferanten durch.

5.2.3 Digitalisierte Kanbans

Traditionelle Lean-Produktionssysteme steuern Logistik und Produktion mit **Entnahmekanbans** und **Produktionskanbans** jeweils. Wenn der Bestand im Puffer einer Arbeitsstation (d. h., dem Supermarkt) unter ein vorbestimmtes Niveau fällt, wird ein Entnahmekanban für den Beweger freigegeben, um mehr

Abb. 5.2 Schlanke
Instandhaltung und
drei bestehende
Instandhaltungspolitiken

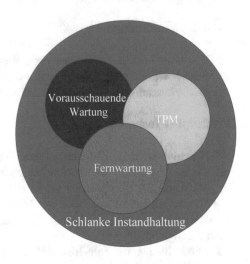

Werkstücke von der vorherigen Arbeitsstation abzuholen. Eine Herausforderung besteht darin, Sicherheitsbestandsniveaus für Werkstücke in Supermärkten zu bestimmen. Ein niedriges Sicherheitsbestandsniveau kann dazu führen, dass die nächste Arbeitsstation verhungert, während ein hohes Sicherheitsbestandsniveau zu Lagerabfall führen kann.

Diese Funktion kann mit intelligenten Technologien wie **Radiofrequenzidentifikation (RFID)** und **Tablets** (oder **Smartphones**) wie folgt digitalisiert werden.

Schritt 1. Zuerst wird ein RFID-Tag am Behälter der Werkstücke angebracht [23]. RFID wird als **Internet der Dinge (IoT)** Technologie betrachtet [24].

Schritt 2. Wenn der Behälter im Puffer platziert wird, empfängt ein nahegelegener RFID-Empfänger das ausgesendete Signal. Die Übertragungsdistanz eines RFID-Tags mit einer Frequenz von 16,56 MHZ beträgt etwa 1,5 m.

Schritt 3. Der RFID-Empfänger ist mit einem Computer verbunden, so dass die Anzahl der Werkstücke im Puffer gezählt werden kann.

Schritt 4. Wenn die Anzahl der Werkstücke im Puffer unter den Schwellenwert fällt, sendet der Computer eine Nachricht (d. h., digitalisiertes Entnahmekanban) an das Tablet (oder Smartphone) des Bewegers.

Schritt 5. Der Beweger holt mehr Werkstücke von der vorherigen Arbeitsstation ab.

Produktionskanbans können auf ähnliche Weise digitalisiert werden. Wenn die Anzahl der Werkstücke im Puffer unter den Schwellenwert fällt, sendet der Computer neben dem Puffer eine Nachricht an den Bildschirm an der Maschine, um die Art und Anzahl der zu produzierenden Werkstücke anzuzeigen. Nachdem dies gesehen wurde, beginnt der Arbeiter mit der Operation.

Die Digitalisierung von Kanbans spart die Lagerung und Verwaltung von Kanbans und befreit die Bediener auch von Überlegungen, wie Kanbans zu verwenden sind.

5.2.4   *Machine Learning und Industrie 4.0 Anwendungen auf Single-Minute Exchange of Die (SMED)*

Single-Minute Exchange of Die (SMED) ist eine Lean-Philosophie zur Reduzierung von Maschineneinrichtungen (oder Umrüstungen) [7], da die Einrichtungszeit eine Verschwendung von Kapazität darstellt. Zum Beispiel, in dem von Shingo und Dillon diskutierten Beispiel [25], ist die Einrichtungszeit eines Auftrags unabhängig von seiner Größe festgelegt. Als Ergebnis, wenn die Auftragsgröße zunimmt, verringert sich die von jedem Werkstück geteilte Einrichtungszeit, was SMED ermöglicht. Allerdings ist die Beziehung zwischen der Gesamtverarbeitungszeit eines Auftrags und seiner Größe möglicherweise nicht linear. Daher schlugen Carrizo Moreira et al. [7] vor, die Zeitkosten eines Werkstücks zu minimieren:

$$\text{Zeitkosten} = \frac{\text{Gesamtverarbeitungszeit} + \text{Einrichtungszeit}}{\text{Auftrags größe}} \tag{5.1}$$

Allerdings können große Auftragsgrößen dem Ideal des Ein-Stück-Flusses in der Lean-Produktion nicht gerecht werden [26].

Darüber hinaus kann die Zeit für die erneute Einrichtung verkürzt werden, wenn die Produktionsbedingungen von zwei nacheinander hergestellten Aufträgen (oder Produkten) ähnlich sind. Diese Behandlung kann jedoch möglicherweise nicht mit dem Zeitpunkt der Kundennachfrage übereinstimmen.

Einrichtungsaktivitäten können in **interne Einrichtungsaktivitäten** und **externe Einrichtungsaktivitäten** unterteilt werden [26]. Interne Einrichtungsaktivitäten umfassen das Wechseln von Maschinengussformen (oder -formen) oder das Anpassen von Maschinen, die erst nach dem Ausschalten einer Maschine durchgeführt werden müssen. Externe Einrichtungsaktivitäten, einschließlich der Vorbereitung von Werkzeugen, können durchgeführt werden, während die Maschine noch läuft. Interne Einrichtungsaktivitäten sollten eliminiert oder in externe Einrichtungsaktivitäten umgewandelt werden [26]. Manchmal ist es nicht einfach zu bestimmen, ob eine Einrichtungsaktivität intern oder extern ist. Nach Ansicht von Perico und Mattioli [6] kann maschinelles Lernen zur Lösung dieses Problems angewendet werden. Beispielsweise muss eine Standardzeit festgelegt werden, um die für eine Einrichtungsaktivität benötigte Zeit zu regulieren. Zu diesem Zweck kann ein **ANN** erstellt werden, um zu entscheiden, wie lange eine Einrichtungsaktivität aufgrund ihrer Eigenschaften (z. B. die Anzahl der Einrichtungen pro Tag, gewünschte Präzision, erforderlicher Expertengrad, Automatisierungsgrad usw.) dauern sollte, wie in Abb. 5.3 dargestellt. Die Trainingsdaten sind die Standardzeiten von Einrichtungsaktivitäten, die festgelegt wurden.

Beispiel 5.1 Um die Standardzeit einer neuen Einrichtungsoperation zu bestimmen, wurden die Daten von zehn ähnlichen Einrichtungsoperationen als Referenz gesammelt, wie in Tab. 5.1 zusammengefasst. Ein ANN mit der in

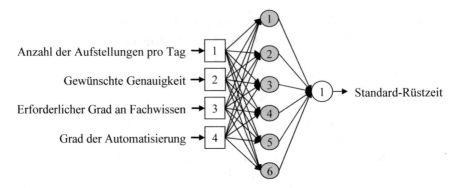

Anzahl der Aufstellungen pro Tag

Gewünschte Genauigkeit

Erforderlicher Grad an Fachwissen

Grad der Automatisierung

Standard-Rüstzeit

Abb. 5.3 ANN zur Festlegung der Standardzeit einer Einrichtungsaktivität

Tab. 5.1 Daten einiger Einrichtungsoperationen

j	x_{j1}	x_{j2}	x_{j3}	x_{j4}	a_j(min)
1	10	3	3	2	19
2	10	3	1	3	16
3	9	3	4	4	20
4	5	4	3	1	25
5	19	1	1	3	12
6	3	5	2	4	29
7	4	4	2	4	22
8	10	3	3	4	19
9	8	3	1	4	15
10	8	3	4	4	20

Abb. 5.3 gezeigten Konfiguration wird erstellt, um die Standardzeit einer Einrichtungsoperation a_j aus ihren vier Attributen $\{x_{jk}\}$ vorherzusagen. Mit Ausnahme der Anzahl der Einrichtungen pro Tag basieren die anderen Attribute auf Expertenbewertungen, und die Bewertungsergebnisse sind Ganzzahlen innerhalb von [1, 5]. Das MATLAB-Programm zur Implementierung des ANN ist in Abb. 5.4 dargestellt. Alle gesammelten Daten werden verwendet, um das ANN zu trainieren, für das der Trainingsalgorithmus der Levenberg-Marquardt (LM) Algorithmus ist [27]. Die Anzahl der Epochen beträgt 10.000.

Die Prognoseergebnisse sind in Abb. 5.5 zusammengefasst. Die Prognosegenauigkeit, gemessen in RMSE, beträgt 0,134 Min. Die Werte der vier Attribute der neuen Setup-Operation sind 9, 2, 4 und 3. Nach Anwendung des trainierten ANN, wie in Abb. 5.6 dargestellt, wird die Standard-Setup-Zeit auf 9,6 Min. festgelegt.

```
training_x=[10 10 9 5 19 3 4 10 8 8;3 3 3 4 1 5 4 3 3 3;3 1 4 3 1 2 2 3 1 4;2 3 4 1 3 4 4 4 4 4];
training_y=[19 16 20 25 12 29 22 19 15 20];
net=feedforwardnet(6);
net.dividefcn='dividetrain';
net.trainParam.lr=0.1;
net.trainParam.epochs=10000;
net.trainParam.goal=0.1;
net=train(net,training_x,training_y);
training_est_sst=net(training_x);
rmse=mean((training_y-training_est_sst).^2)^0.5;
```

Abb. 5.4 MATLAB-Code zur Implementierung des ANN

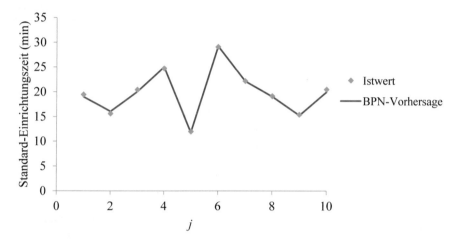

Abb. 5.5 Prognoseergebnisse

```
>> new_sst=net([9;2;4;3])

new_sst =

    9.4982
```

Abb. 5.6 Anwendung des trainierten ANN

Eine weitere KI-Technologie, die ebenfalls zur Ermittlung der Standard-Setup-Zeit aus historischen Daten angewendet werden kann, ist ein Klassifikations- und Regressionsbaum (CART) [28].

Beispiel 5.2 Im vorherigen Beispiel wird stattdessen ein CART erstellt, um die Standardzeit einer neuen Einrichtungsoperation zu ermitteln, indem auf historische Daten verwiesen wird. Der MATLAB-Code zu diesem Zweck ist in Abb. 5.7 dargestellt. Der erstellte CART ist in Abb. 5.8 dargestellt. Die im CART

```
y=[19;16;20;25;12;29;22;19;15;20];
sst_tree=fitrtree([10 3 3 2;10 3 1 3;9 3 4 4;5 4 3 1;19 0 1 3;3 5 2 4;4 4 2 4;10 3 3 4;8 3 1 4;8 3 4 4,],y);
view(sst_tree,'Mode','graph')
```

Abb. 5.7 MATLAB-Code zur Erstellung des CART

Abb. 5.8 Erstellter CART

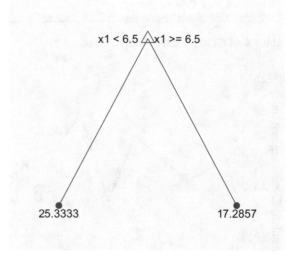

dargestellten Regeln sind leicht zu interpretieren und zu kommunizieren, was der Vorteil von CART gegenüber ANN ist. Die Schätzgenauigkeit kann jedoch bei Verwendung von CART gering sein. Die Standard-Einrichtungszeit wird als 17,3 Minuten festgelegt.

Ein Kompromissansatz besteht darin, die mit der ANN abgeleiteten Regeln wie folgt mit einem CART auszudrücken:

- Simulation der Attribute vieler Einrichtungsoperationen zufällig.
- Anwendung der ANN zur Vorhersage ihrer Standard-Einrichtungszeiten.
- Anpassung des Formats der simulierten Daten.
- Erstellung eines CART zur Analyse der simulierten Daten.

Der MATLAB-Code zu diesem Zweck ist in Abb. 5.9 dargestellt. Der CART, der erstellt wurde, um die mit der ANN abgeleiteten Regeln auszudrücken, ist in Abb. 5.10 dargestellt.

Der Kompromissansatz bietet eine effektive Möglichkeit, eine fortschrittliche KI-Technologie mit einer grundlegenden KI-Technologie zu approximieren, was besonders bedeutungsvoll ist, wenn KI-Technologien in ein schlankes Produktionssystem eingeführt werden sollen.

Perico und Mattioli [6] erwähnten auch eine Vision der Anwendung von **IoT** auf **SMED**, bei der ein intelligentes Werkstück (ein Werkstück mit intelligenten

```
random_x=[15 7 5 14 5 17 13 17 8 3 8 8 6 14 4 9 7 3 15 7 9 12 13 9 10 5 3 11 5 7 3 17 9 6 7 15 9 15
    15 11 9 3 16 7 17 17 10 13 8 14;4 1 2 4 2 1 1 1 1 1 4 4 1 4 1 4 1 4 3 2 3 1 4 4 2 4 3 4 2 3 1 2 4 3 3 2 1
    3 1 3 3 2 3 3 2 2 3 3 2 2;3 1 2 2 3 1 2 1 3 2 3 3 2 1 1 2 2 2 2 3 2 3 3 2 1 2 3 2 3 3 2 1 2 1 2 1 3 1 3 3 3
    1 1 2 3 1 3 2 3 2;3 1 2 2 2 2 3 2 2 2 2 2 3 1 2 2 2 3 3 2 1 3 1 1 1 1 2 2 3 3 3 1 1 3 1 3 2 3 1 1 2 2 3 1 1
    2 3 2 1 1];
random_y=net(random_x);
CART_x=transpose(random_x);
CART_y=transpose(random_y);
sst_tree2=fitrtree(CART_x,CART_y);
view(sst_tree2,'Mode','graph')
```

Abb. 5.9 MATLAB-Code für den Kompromissansatz

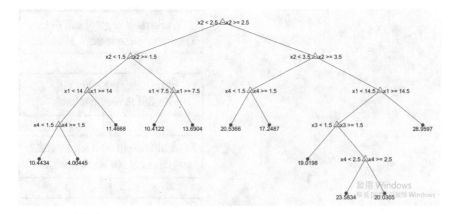

Abb. 5.10 CART zur Darstellung der mit der ANN abgeleiteten Regeln

Tags) automatisch die Einstellung wie das Rezept und das benötigte Werkzeug an die nächste Maschine (eine Maschine mit Signalempfängern) übermittelt, bevor es die Maschine erreicht. Dann beginnt die nächste Maschine automatisch mit der Vorbereitung. Wenn das intelligente Werkstück ankommt, kann der Betrieb direkt ohne Wartezeit für die Einstellung beginnen, wie in Abb. 5.11 dargestellt. Darüber hinaus kann eine intelligente Maschine ihren eigenen Zustand überwachen und automatisch Leistungsberichte erstellen [29].

Eine solche Idee war bisher unrealistisch. Darüber hinaus scheint der Black-Box-ähnliche Ansatz, Werkstücke selbstständig mit Maschinen kommunizieren zu lassen, nicht mit der Philosophie der schlanken Fertigung übereinzustimmen, Informationen, Kommunikation und Management transparent und humanisiert (d. h., verständlich) zu gestalten. Dennoch ist es unserer Ansicht nach nicht der Punkt, KI in die schlanke Fertigung einzuführen, sondern die beiden zu kombinieren, um mit dem zunehmend heftigen industriellen Wettbewerb fertig zu werden. Zu diesem Zweck wird es immer mehr KI-Black-Boxes in der schlanken Fertigung geben. Die Anwendungen von KI-Technologien müssen auch

Abb. 5.11 Anwendung von
IoT auf SMED

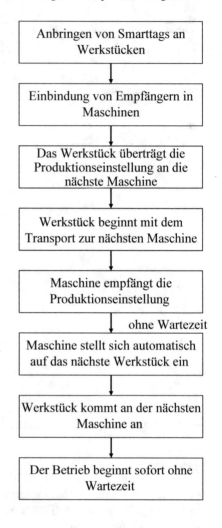

zunehmend transparent und leicht zu verstehen und zu kommunizieren gemacht werden.

Darüber hinaus ist ein realistischerer Ansatz, der aus dem oben genannten Konzept abgeleitet ist, als **prädiktive Einrichtung** bekannt: Wenn ein Bediener die für eine Operation erforderlichen Werkzeuge nimmt, nimmt er/sie auch die für die nächste Operation erforderlichen Werkzeuge. Oder ein Bediener bemerkt eine Ähnlichkeit zwischen zwei aufeinanderfolgenden Einstellungen, so dass es nicht notwendig ist, die vorherige Einstellung vollständig zurückzusetzen.

Die Massenanpassung ist ein klarer Trend in vielen Branchen, daher wird die Bedeutung von SMED mit der Zeit nur zunehmen.

5.2.5   Genetische Programmierung zur Bestimmung der Anzahl der Kanbans

Die Bestimmung der Anzahl der Kanbans ist ein kritisches Problem für ein Pull-Produktionssystem [30]. Darüber hinaus hat sich gezeigt, dass das dynamische Ändern der Anzahl der Kanbans eine effektive Methode ist, um mit Nachfrageschwankungen umzugehen [31]. Belisário und Pierreval [31] drückten die Logik zur Anpassung der Anzahl der Kanbans basierend auf der subjektiven Erfahrung von Produktionskontrolleuren in einem Fertigungssystem mit Entscheidungsbäumen aus. Dann wendeten sie **genetische Programmierung (GP)** an, um diese Entscheidungsbäume zu entwickeln und neue Entscheidungsbäume (und Regeln) zu generieren, die einer besseren Logik für denselben Zweck entsprechen. Die Wirksamkeit neuer Entscheidungsbäume wurde durch eine Produktionssimulation des Fertigungssystems bewertet.

GP ist eine Methode des evolutionären Rechnens, bei der Programme, die zur Durchführung von etwas verwendet werden, weiterentwickelt werden, um neue Programme zu generieren, die dasselbe besser machen können. GP ist eine Erweiterung von genetischen Algorithmen (GAs) [32]. Bei GP entwickeln sich Programme, nicht Gene. Theoretisch können Programme in GP in jeder Programmiersprache geschrieben werden. Ein Beispiel ist unten gegeben.

Beispiel 5.3 Gemäß der subjektiven Erfahrung eines Produktionskontrollmitarbeiters wird die in Abb. 5.12 dargestellte Logik derzeit zur Anpassung der Anzahl der Kanbans im Fertigungssystem befolgt. Die Logik wird als Entscheidungsbaum in Abb. 5.13 ausgedrückt. Der Entscheidungsbaum wird vom linken unteren Knoten zum rechten oberen gelesen.

Beispiel 5.4 Zwei Entscheidungsbäume (d. h. Eltern-Entscheidungsbäume) zur Anpassung der Anzahl der Kanbans im Fertigungssystem sind in Abb. 5.14 dargestellt. Eine Crossover-Operation wird durchgeführt, um die beiden Entscheidungsbäume zu kombinieren und neue Entscheidungsbäume zu erzeugen. Die Ergebnisse (d. h., Kind-Entscheidungsbäume) sind in Abb. 5.15 dargestellt.

```
If work-in-process (WIP) ≥ 100 Then
    Number of kanbans increases by 1
Else
    If WIP < 50 Then
        Number of kanbans decreases by 1
    Else
        If factory utilization (FU) ≥ 95% Then
            Number of kanbans increases by 1
        End If
    End If
End If
```

Abb. 5.12 Aktuelle Logik zur Anpassung der Anzahl der Kanbans

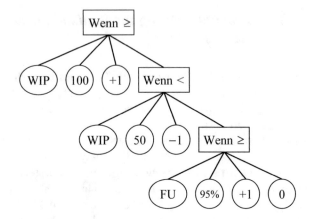

Abb. 5.13 Entscheidungsbaum der Logik

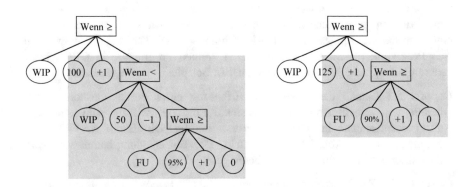

(Entscheidungsbaum der Eltern #1)   (Entscheidungsbaum der Eltern #2)

Abb. 5.14 Zwei Eltern-Entscheidungsbäume

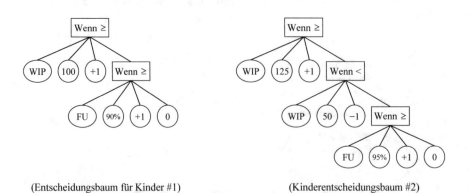

(Entscheidungsbaum für Kinder #1)   (Kinderentscheidungsbaum #2)

Abb. 5.15 Kind-Entscheidungsbäume

Entscheidungsbaum	Fitness (Std.)
Eltern-Entscheidungsbaum #1	36
Eltern-Entscheidungsbaum #2	42
Kind-Entscheidungsbaum #1	39
Kind-Entscheidungsbaum #2	33

Tab. 5.2 Fitness, die von jedem Entscheidungsbaum erreicht wurde

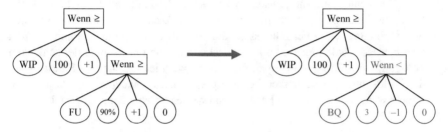

Abb. 5.16 Mutation

Der Crossover-Operator funktioniert, indem er beliebige Äste der beiden Entscheidungsbäume austauscht (durch graue Blöcke angezeigt).

Beispiel 5.5 Die Logik jedes Entscheidungsbaums wird bewertet, indem sie angewendet wird, um die Anzahl der Kanbans im Fertigungssystem anzupassen. Dann wird die Fitness eines Chromosoms (d. h., Entscheidungsbaum) in Bezug auf die durchschnittliche Zykluszeit gemessen. Die Ergebnisse sind in Tab. 5.2 zusammengefasst. Offensichtlich hat sich die Fitness nach der Evolution verbessert.

In GP wird die Mutation durch zufälliges Entfernen eines Unterbaums an einem ausgewählten Punkt und Ersetzen durch einen zufällig generierten Unterbaum implementiert. Allerdings wird der Mutationsoperator selten verwendet (Abb. 5.16).

5.3 Schlussfolgerungen

Aus der Diskussion in den vorherigen Kapiteln können die folgenden Schlussfolgerungen gezogen werden, nämlich, dass die Kombination von schlanker Fertigung und KI nicht nur eine Möglichkeit ist, um mit dem zunehmend heftigen industriellen Wettbewerb fertig zu werden, sondern auch ein machbarer Ansatz. Die Kombination der beiden hat die folgenden Möglichkeiten:

- Die Einführung von KI-Technologieanwendungen in schlanke Fertigungssysteme: Um der transparenten Managementphilosophie schlanker

Fertigungssysteme gerecht zu werden, müssen die angewandten KI-Technologien grundlegend, ausgereift und leicht zu erlernen, zu verstehen und zu
kommunizieren sein.

- Eine Alternative besteht darin, eine fortgeschrittene KI-Technologie mit einer
grundlegenden KI-Technologie zu approximieren, wie im Beispiel 5.2 dargestellt.

- Die Anwendungen von mehr schlanken Fertigungstechniken oder -konzepten
auf allgemeine Fertigungssysteme, die stark KI-fähig sind: Viele schlanke
Fertigungskonzepte wurden in verschiedenen Arten von Fertigungssystemen
weit verbreitet. Diese Fertigungssysteme unterliegen ihren eigenen internen und
externen Einschränkungen, und es ist schwierig, die Philosophie der schlanken
Fertigung vollständig in ihnen zu fördern. Es kann jedoch auch im Einklang mit
der Philosophie der schlanken Fertigung stehen, zu versuchen, die KI-Technologieanwendungen in diesen Fertigungssystemen transparenter zu gestalten.

Literatur

1. SESA Systems, Shop floor management, a visual management approach to the shop floor
   (2021). https://www.sesa-systems.com/en/shop-floor-management
2. Oracle.com, Understanding shop floor management (2021). https://docs.oracle.com/en/
   applications/jd-edwards/supply-chain-manufacturing/9.2/eoash/understanding-shop-floor-
   management.html#understanding-shop-floor-management
3. R.B. Freeman, M.M. Kleiner, The last American shoe manufacturers: decreasing productivity
   and increasing profits in the shift from piece rates to continuous flow production. Ind. Relat.
   J. Econ. Soc. **44**(2), 307–330 (2005)
4. Lean Enterprise Institute, Pull production (2021). https://www.lean.org/lexicon-terms/
   pull-production/
5. X.A. Koufteros, Testing a model of pull production: a paradigm for manufacturing research
   using structural equation modeling. J. Oper. Manag. **17**(4), 467–488 (1999)
6. P. Perico, J. Mattioli, Empowering process and control in lean 4.0 with artificial intelligence,
   in *Third International Conference on Artificial Intelligence for Industries* (2020), S. 6–9
7. A. Carrizo Moreira, G. Campos Silva Pais, Single minute exchange of die: a case study
   implementation. J. Technol. Manage. Innov. **6**(1), 129–146 (2011)
8. leanproduction.com, TPM (total productive maintenance) (2021). https://www.
   leanproduction.com/tpm/
9. J.J. Dahlgaard, G.K. Khanji, K. Kristensen, *Fundamentals of Total Quality Management*
   (Routledge, 2008)
10. leanproduction.com, Total quality management (2021). https://www.lean.org/lexicon-terms/
    total-quality-management/
11. J. Nandimath, E. Banerjee, A. Patil, P. Kakade, S. Vaidya, D. Chaturvedi, Big data analysis
    using Apache Hadoop, in *IEEE 14th International Conference on Information Reuse &
    Integration* (2013), S. 700–703
12. A. Navlani, Neural network models in R (2019). https://www.datacamp.com/community/
    tutorials/neural-network-models-r
13. T. Küfner, T.H.J. Uhlemann, B. Ziegler, Lean data in manufacturing systems: using artificial
    intelligence for decentralized data reduction and information extraction. Procedia CIRP **72**,
    219–224 (2018)

14. T. Hafeez, L. Xu, G. Mcardle, Edge intelligence for data handling and predictive maintenance in IIOT. IEEE Access **9**, 49355–49371 (2021)
15. C.S. Liew, A. Abbas, P.P. Jayaraman, T.Y. Wah, S.U. Khan, Big data reduction methods: a survey. Data Sci. Eng. **1**(4), 265–284 (2016)
16. T.P. Carvalho, F.A. Soares, R. Vita, R.D.P. Francisco, J.P. Basto, S.G. Alcalá, A systematic literature review of machine learning methods applied to predictive maintenance. Comput. Ind. Eng. **137**, 106024 (2019)
17. H.M. Hashemian, State-of-the-art predictive maintenance techniques. IEEE Trans. Instrum. Meas. **60**(1), 226–236 (2010)
18. E. Ramos, R. Mesia, C. Alva, R. Miyashiro, Applying lean maintenance to optimize manufacturing processes in the supply chain: A Peruvian print company case. Int. J. Supply Chain Manage. **9**(1), 264–281 (2020)
19. K. Antosz, L. Pasko, A. Gola, The use of artificial intelligence methods to assess the effectiveness of lean maintenance concept implementation in manufacturing enterprises. Appl. Sci. **10**(21), 7922 (2020)
20. S. Selcuk, Predictive maintenance, its implementation and latest trends. Proc. Instit. Mech. Eng. Part B: J. Eng. Manuf. **231**(9), 1670–1679 (2017)
21. Limble CMMS, A complete guide to prescriptive maintenance (2022). https://limblecmms.com/blog/prescriptive-maintenance/
22. E. Garcia, H. Guyennet, J.C. Lapayre, N. Zerhouni, A new industrial cooperative tele-maintenance platform. Comput. Ind. Eng. **46**(4), 851–864 (2004)
23. X. Shi, D. Tao, S. Voß, RFID technology and its application to port-based container logistics. J. Organ. Comput. Electron. Commer. **21**(4), 332–347 (2011)
24. T. Chen, Y.C. Wang, An advanced IoT system for assisting ubiquitous manufacturing with 3D printing. Int. J. Adv. Manuf. Technol. **103**(5), 1721–1733 (2019)
25. S. Shingo, A.P. Dillon. *A Revolution in Manufacturing: The SMED System* (Routledge, 2019)
26. J. Miltenburg, One-piece flow manufacturing on U-shaped production lines: a tutorial. IIE Trans. **33**(4), 303–321 (2001)
27. G. Lera, M. Pinzolas, Neighborhood based Levenberg-Marquardt algorithm for neural network training. IEEE Trans. Neural Netw. **13**(5), 1200–1203 (2002)
28. C.D. Sutton, Classification and regression trees, bagging, and boosting. Handbook Statist. **24**, 303–329 (2005)
29. G.Y. Lee, M. Kim, Y.J. Quan, M.S. Kim, T.J.Y. Kim, H.S. Yoon, S. Min, D.-H. Kim, J.-W. Mun, J.W. Oh, I.G. Choi, C.-S. Kim, W.-S. Chu, J. Yang, B. Bhandari, C.-M. Lee, J.-B. Ihn, S.H. Ahn, Machine health management in smart factory: a review. J. Mech. Sci. Technol. **32**(3), 987–1009 (2018)
30. H.C. Co, M. Sharafali, Overplanning factor in Toyota's formula for computing the number of kanban. IIE Trans. **29**(5), 409–415 (1997)
31. L.S. Belisário, H. Pierreval, Using genetic programming and simulation to learn how to dynamically adapt the number of cards in reactive pull systems. Expert Syst. Appl. **42**(6), 3129–3141 (2015)
32. P.G. Espejo, S. Ventura, F. Herrera, A survey on the application of genetic programming to classification. IEEE Trans. Syst. Man Cybern. Part C (Applications and Reviews) **40**(2), 121–144 (2009)

Printed in the United States
by Baker & Taylor Publisher Services